壽司幹嘛轉來轉去？

3

從財報中找出變現潛力！
10堂課學會
穩健成長的獲利邏輯

林總——著
水元昭嗣——繪
江裕真——譯

マンガ コハダは大トロより、
なぜ儲かるのか？

壽司幹嘛轉來轉去？③

財務管理最佳指南——現金流量才是關鍵，從財報中找出變現潛力，10堂課學會穩健成長的獲利邏輯

マンガ　コハダは大トロより、なぜ儲かるのか？

作　　者：林總
繪　　者：水元昭嗣
譯　　者：江裕真
主　　編：郭峰吾

總 編 輯：李映慧
執 行 長：陳旭華（steve@bookrep.com.tw）

出　　版：大牌出版／遠足文化事業股份有限公司
發　　行：遠足文化事業股份有限公司（讀書共和國出版集團）
地　　址：23141 新北市新店區民權路 108-2 號 9 樓
電　　話：+886- 2- 2218 1417
郵撥帳號：19504465 遠足文化事業股份有限公司
封面設計：許紘維
排　　版：藍天圖物宣字社
印　　製：成陽印刷股份有限公司
法律顧問：華洋法律事務所　蘇文生律師

定　　價：350 元
初　　版：2012 年 11 月
三　　版：2020 年 9 月

國家圖書館出版品預行編目（CIP）資料

壽司幹嘛轉來轉去？③：財務管理最佳指南——現金流量才是關鍵，從財報中找出變現潛力，10 堂課學會穩健成長的獲利邏輯 / 林總著 ; 水元昭嗣繪 ; 江裕真 譯 . – 三版 . -- 新北市 : 大牌出版 , 遠足文化發行 , 2020.09
296 面；14.8×21 公分
譯自：マンガ　コハダは大トロより、なぜ儲かるのか？
ISBN 978-986-5511-35-7（平裝）
1. 管理會計　2. 漫畫

494.74　　109012024

前言

本書要談的主題，是「管理會計」的領域。所謂的管理會計，就是有助於經營與管理企業的會計，因此必須從實戰中學習。

於是我想到，若能編出一個從經營者角度出發的故事，把它寫成書，應該可以很容易理解，因此就寫了《壽司幹嘛轉來轉去？財報快易通——夢想如何創造利潤，創業家、投資人不可不知的財務知識》一書。

托各位的福，《壽司幹嘛轉來轉去？》成了遠比我想像中還暢銷的作品，也讓許多朋友開始了解會計的有趣之處。本書就是同系列的第三冊。

這次，在水元昭嗣老師的巧手下，把《壽司幹嘛轉來轉去？》第三冊畫成漫畫，塑造出很有魅力的人物，和前面兩本的感覺不同。只要拿到手上一讀，想必就離不開由紀與安曇教授的世界。上班族想在21世紀存活下去，勢必得養成不受表面會計數字所惑的「正牌會計能力」。而想養成「正牌會計能力」，就必須回歸根本，好好思考一下會計最基礎的部分：

什麼是利潤，什麼是現金流量，什麼是固定成本，什麼是變動成本，什麼是邊際利潤……，一直到確實理解為止。

本書不但忠於原著，而且從會計的基礎到應用為止，都畫得很仔細，以求讓更多人能理解。身為原著作者，能夠看到讀者透過由紀與安曇教授等人，實際感受到會計的有趣之處，是我最感欣慰的事。

林總

目錄

gyo-za! & french!

序章——第三次的經營危機

叮！
喀啦—
躂躂躂
推
嘰
砰

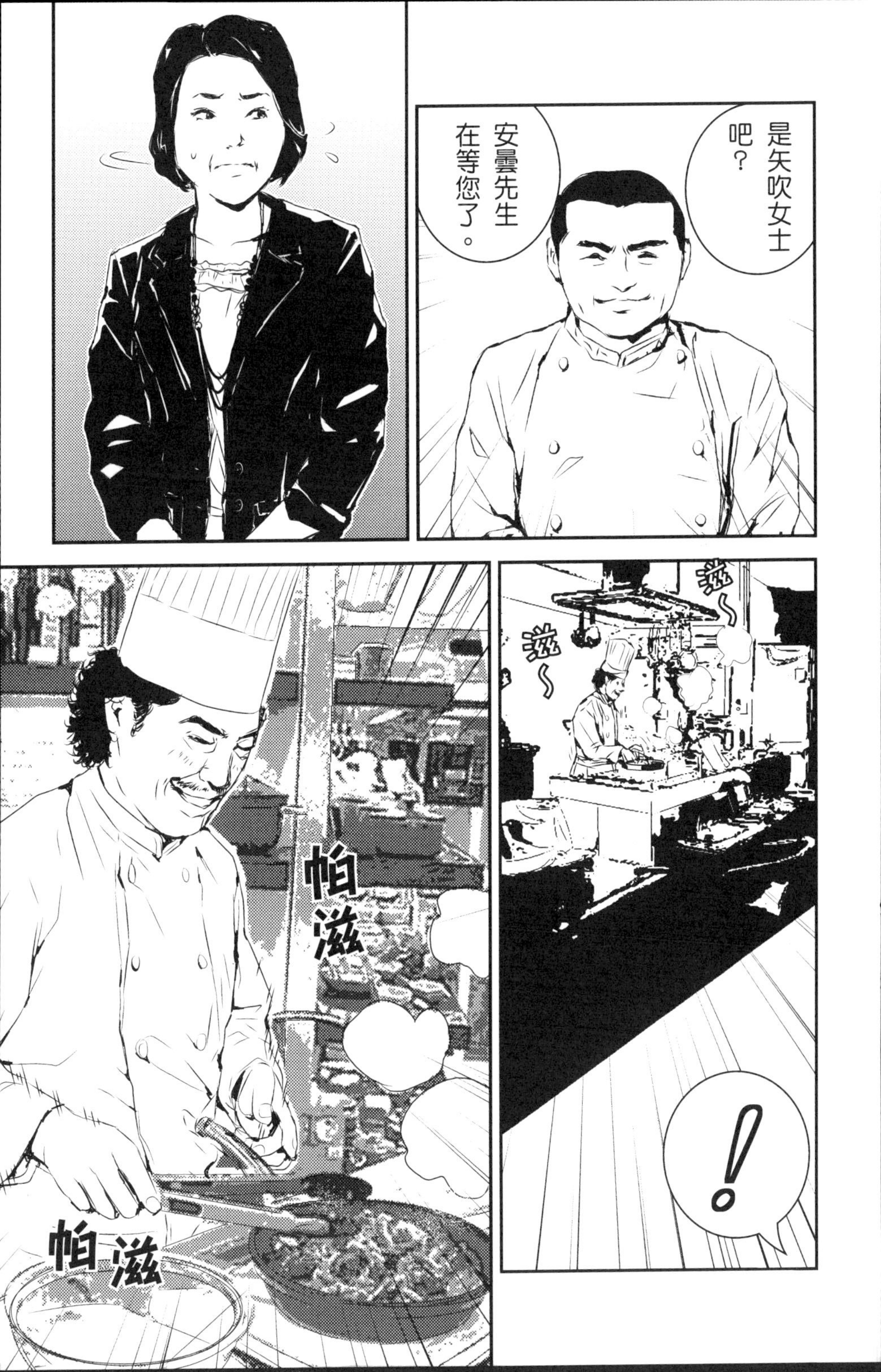
是矢吹女士吧？
安曇先生在等您了。
滋～
滋～
帕滋
帕滋
!

哎呀，安曇老師！
鏘
好久不見了!!
我記得，上次和老師見面，應該是在法國南部的尼斯吧！
是啊！自那之後，已經過了兩年啦……!!
老師，您變苗條了！
⇐換好衣服
要享受美食與紅酒，又要持續從事高度緊張的工作，鍛鍊肌肉是最好的!!
鼓
您在健身嗎？
YES!!!
哈哈哈

請享用！這是拿坡里的朋友教我做的料理，平常不會做的。
咚
這裡是我的祕密基地，
和重要人士用餐時，我就會硬要廚師町山先生把這裡借我一用。
真是個好地方！今天是為了我準備的嗎？
而且您還滿會做菜呢！
唔，是沒錯啦！
咀嚼
鯷魚辣椒義大利麵，沒人做得比我好吃♪
這個……味道很棒!!
「酩悅香檳」！
清新的果香與柔和的酸味完美結合，堪稱傑作！
MOËT & CHANDON
ROSÉ IMPÉRIAL
那麼，乾杯!!
鏗！

——對了，您打電話給我時，我還以為是由紀小姐呢！
但，總覺得聲音不太對……
你是想說像歐巴桑的聲音嗎？
嘁嘴
SoftBank
矢吹由紀手機
沒有啦！因為手機的來電顯示是「矢吹由紀」嘛！
以前由紀小姐經常打來……
——那麼，
妳找我有什麼事？
鏘
事實上，公司很危急，我看不下去了……

「Hanna」公司經營得不順利嗎？
嗯……託老師您的福，業績到半年前都還很好，
但因為最近不景氣……
任何公司都會起起伏伏，
至於如何克服困境，就要看經營者的能力啦！
HANNA
那孩子，凡事都想自己解決！
自己思考、自己做決策，這不是很好嗎?!
她已經成為很出色的經營者了!!

那樣是很好沒錯，可是她不聽別人的意見啊！
和她老爸一個樣！
猛記
在我印象裡，由紀小姐是個會聽別人意見的經營者才是呀？
猛寫
莫非，她表現得像是公司裡的女王一樣？
像個女王倒還好，她是像個頑固又壞心的惡婆婆啊！
這裡還有灰塵耶
童裝和高級女裝都不賣，能賣的只有低價品而已。
而且，今年以來，接單量只有去年的一半。
產品成本也完全降不下來，公司已經虧損累累。

富山工廠由於資深員工多，人事成本高。
說真的，應該減少派遣員工或打工人員才對，她卻一個也不願意裁。
庫存一直都很多，貸款也持續增加，
現在似乎又變成文京銀行的放款客戶了！
里美明明只是個掛名董事長，不會去公司～
……但她卻對公司狀況瞭若指掌，
應該是由紀小姐每天會和母親講公司的事吧！

難搞的董事

由紀小姐很依賴您吧。
沒這回事！
那孩子都很晚回家，到家後也都是洗好澡就睡覺，
說什麼睡前吃東西會胖。
咀嚼
咀嚼
那妳們是在早上閒聊？
搖頭
搖頭
哪有！我起床時，她已經出門了。
也就是說，妳們什麼都沒聊?!
她什麼都不跟我講啊！
但是您卻這麼了解公司發生什麼事？
插
是我外甥阿勝啦！
是他和我講的
嚼
嚼

阿……勝?
我好像還沒和老師您提過，他是我姐姐的長子。
他比由紀大三歲，在一流銀行待過，還取得美國著名商學院的MBA。
是我姐姐自豪的兒子唷!
這個阿勝為什麼知道Hanna的事?
公司現在請他來幫忙經營。
從美國回來後，他待過企管顧問公司，但因為健康出狀況而離職。
大概半年前，我請他來幫由紀。
現在他雖然還是董事暨經營企劃室長，但我想遲早會成為專務。
直接就當董事暨經營企劃室長?!
嗯，因為這是請他來幫忙的條件!

「我有信心能把Hanna變成一流公司！所以，請讓我擔任董事暨經營企劃室長！」
他是這麼講的，很可靠吧？
您是從他那裡聽說Hanna的狀況吧？
請您別告訴由紀，千萬保密！！
他講了什麼？
他說，Hanna的員工都是素質不高、懂得不多的一群外行人。
尤其是管理產品製造的董事林田，他說很糟糕。
林田很糟糕……？
就我的認知，他還滿優秀的啊！
社長！！
超快!!!
不是的！阿勝說，那傢伙正是害慘Hanna的罪魁禍首！
阿勝講得很憤慨！

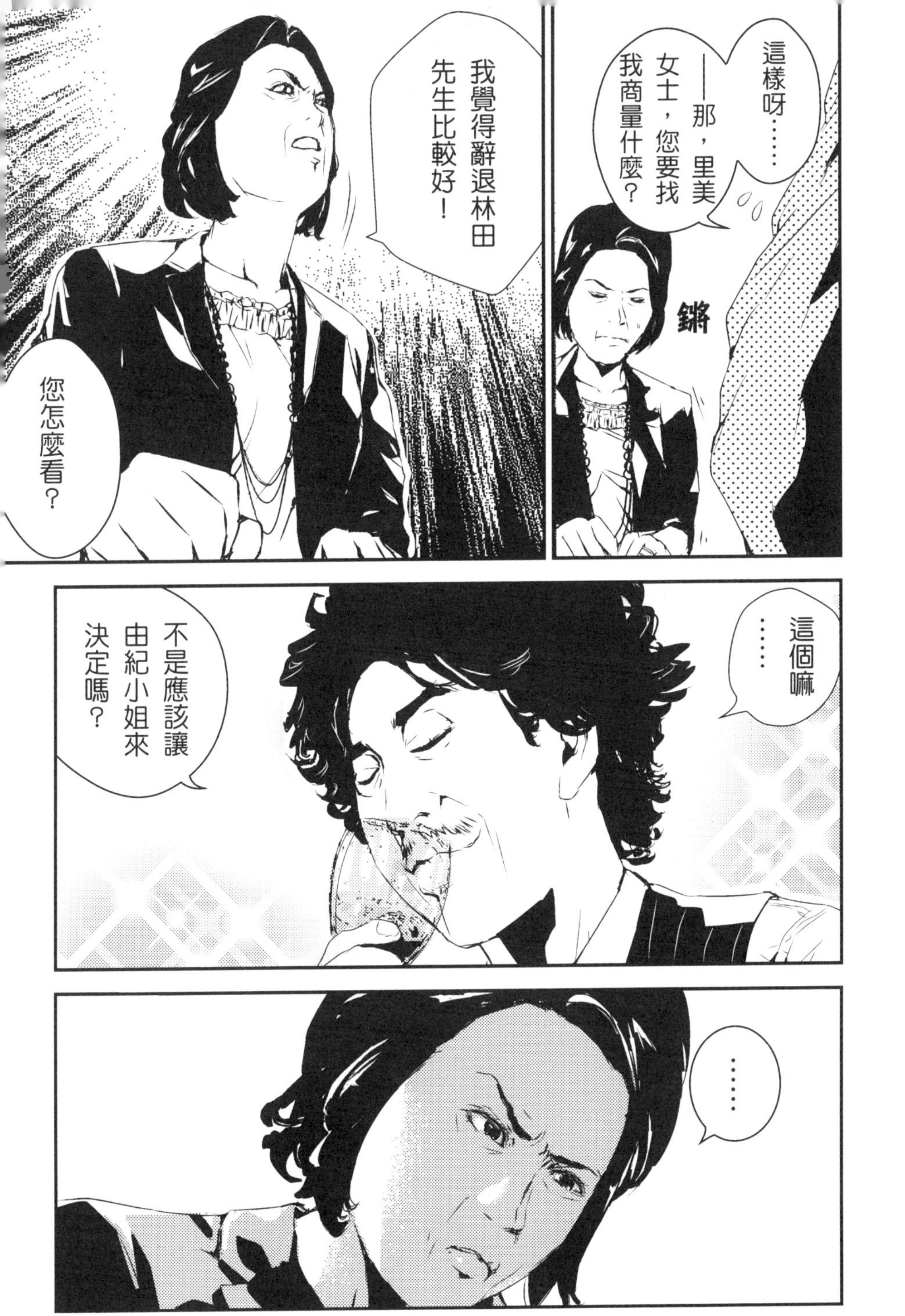
這樣呀……
——那，里美女士，您要找我商量什麼？
鏘
我覺得辭退林田先生比較好！
您怎麼看？
這個嘛……
不是應該讓由紀小姐來決定嗎？
……

由紀的來電

這是「50＆50（註：義大利名酒）」！
拔！
鑽
流
倒
咕嘟
哇!!只能用棒透了形容!!!
老師，您的看法如何？
對哦，林田先生的事是吧！
那得先問，為何想辭退他？

由紀什麼事都找林田先生商量，
但他給的建議，有百害而無一利。
妳怎麼能如此斷言？
因為是阿勝講的啊，他那麼聰明，絕對不會錯的!!
……
嘟嚕嚕嚕嚕
失陪一下
嘟嚕嚕嚕嚕
喂，您好？

我有事找您商量……可以請您撥點時間給我嗎？
矢吹由紀
怎麼了嗎？
等、等見面時再向您……
好！
如果明晚妳七點有空，我就先訂之前和你去過的築地那家店吧！
嗯～嗯～
拜拜
嗶
……

第1章 什麼「看不見的紅線」並不存在

築地的餐廳

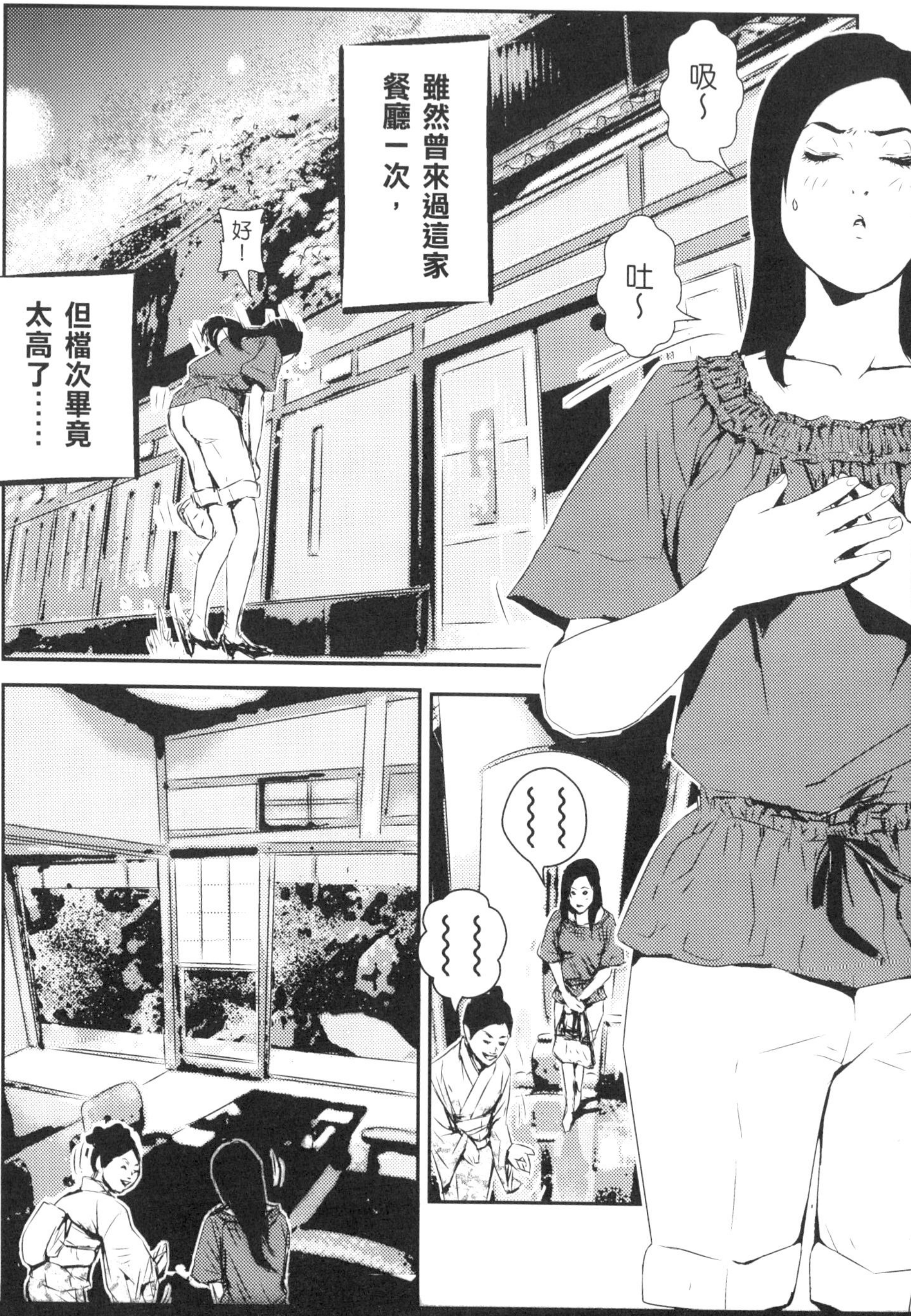
吸～
吐～
雖然曾來過這家餐廳一次，
好！
但檔次畢竟太高了……

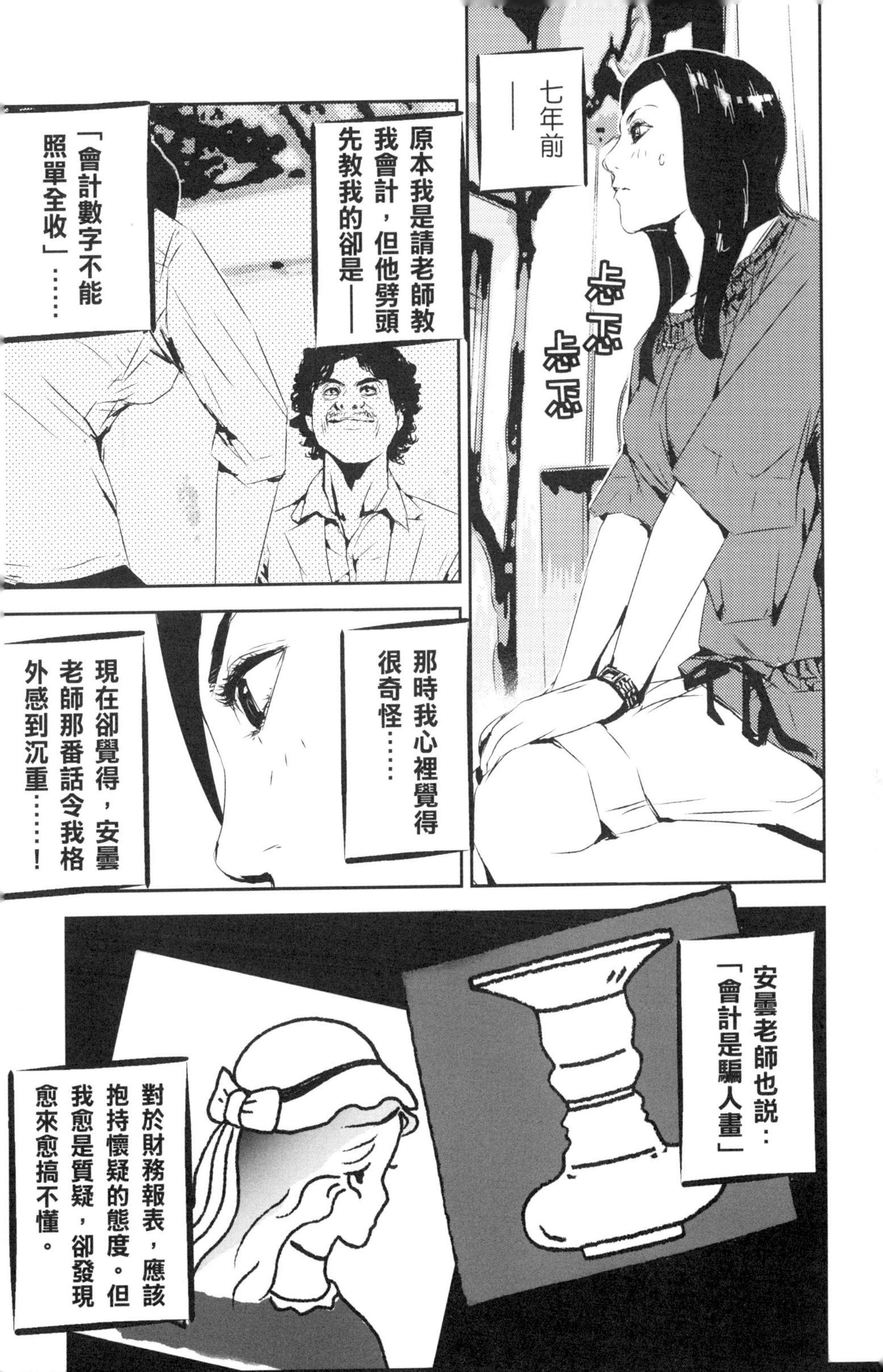
七年前——
忐忑
忐忑
原本我是請老師教我會計，但他劈頭先教我的卻是——
「會計數字不能照單全收」……
那時我心裡覺得很奇怪……
現在卻覺得，安曇老師那番話令我格外感到沉重……！
安曇老師也說：「會計是騙人畫」
對於財務報表，應該抱持懷疑的態度。但我愈是質疑，卻發現愈來愈搞不懂。

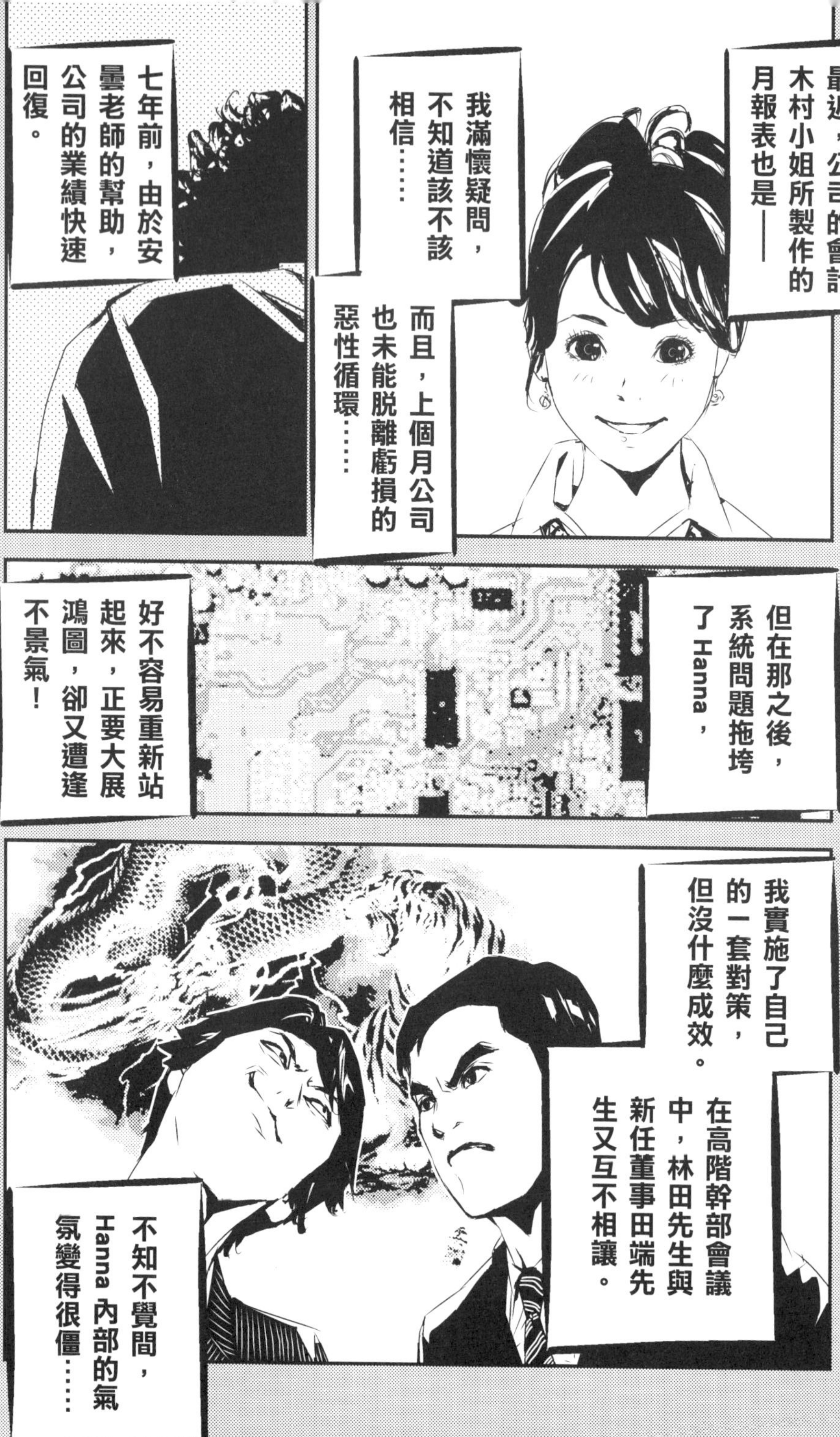
最近，公司的會計木村小姐所製作的月報表也是——
我滿懷疑問，不知道該不該相信……
而且，上個月公司也未能脱離虧損的惡性循環……
七年前，由於安曇老師的幫助，公司的業績快速回復。
但在那之後，系統問題拖垮了Hanna，
好不容易重新站起來，正要大展鴻圖，卻又遭逢不景氣！
我實施了自己的一套對策，但沒什麼成效。
在高階幹部會議中，林田先生與新任董事田端先生又互不相讓。
不知不覺間，Hanna 內部的氣氛變得很僵……

今天的幹部會議上，也是……
【資金調度】的狀況很危急，銀行已經在遲疑要不要再繼續放款給我們！
碎！
哪天如果Hanna突然破產，可是一點也不奇怪!!
根據會前的磋商，不是應該由我來講資金調度的事嗎？他怎麼講了——
資金調度之所以吃緊，是因為虧損，
會變成這樣，不過就是成本高過於銷貨收入。
所以，應該刪減成本，以跳脫這樣的困境!!
舉
各位！這樣的事難道你們不懂嗎?!

資金調度

預測商業活動中必須支付的資金，根據自身頭寸鬆緊而據以運用與籌措必要資金，確保每天要結清的帳不會受到影響。

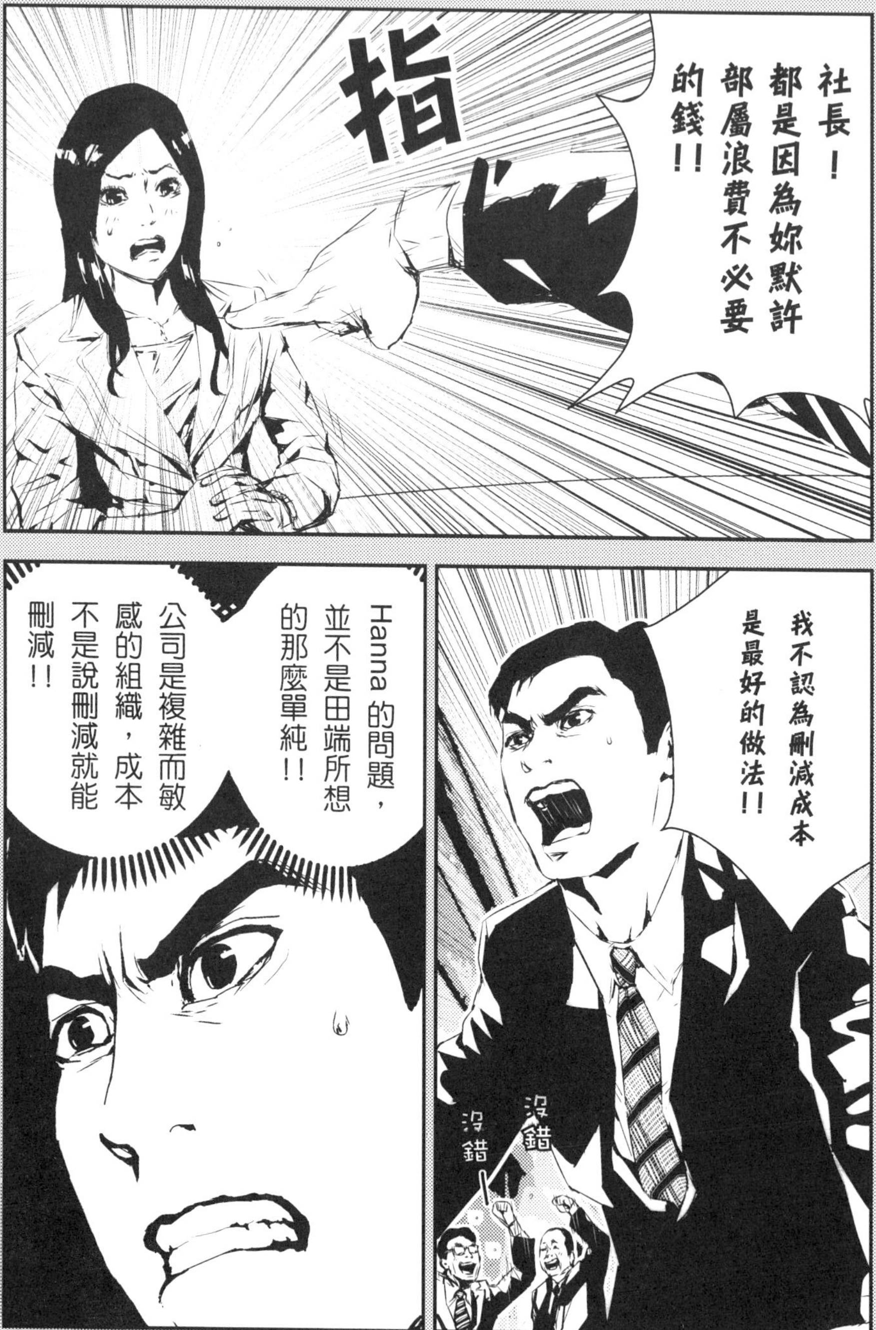
指
社長！都是因為妳默許部屬浪費不必要的錢!!
我不認為刪減成本是最好的做法!!
沒錯
沒錯
Hanna的問題，並不是田端所想的那麼單純!!
公司是複雜而敏感的組織，成本不是說刪減就能刪減!!

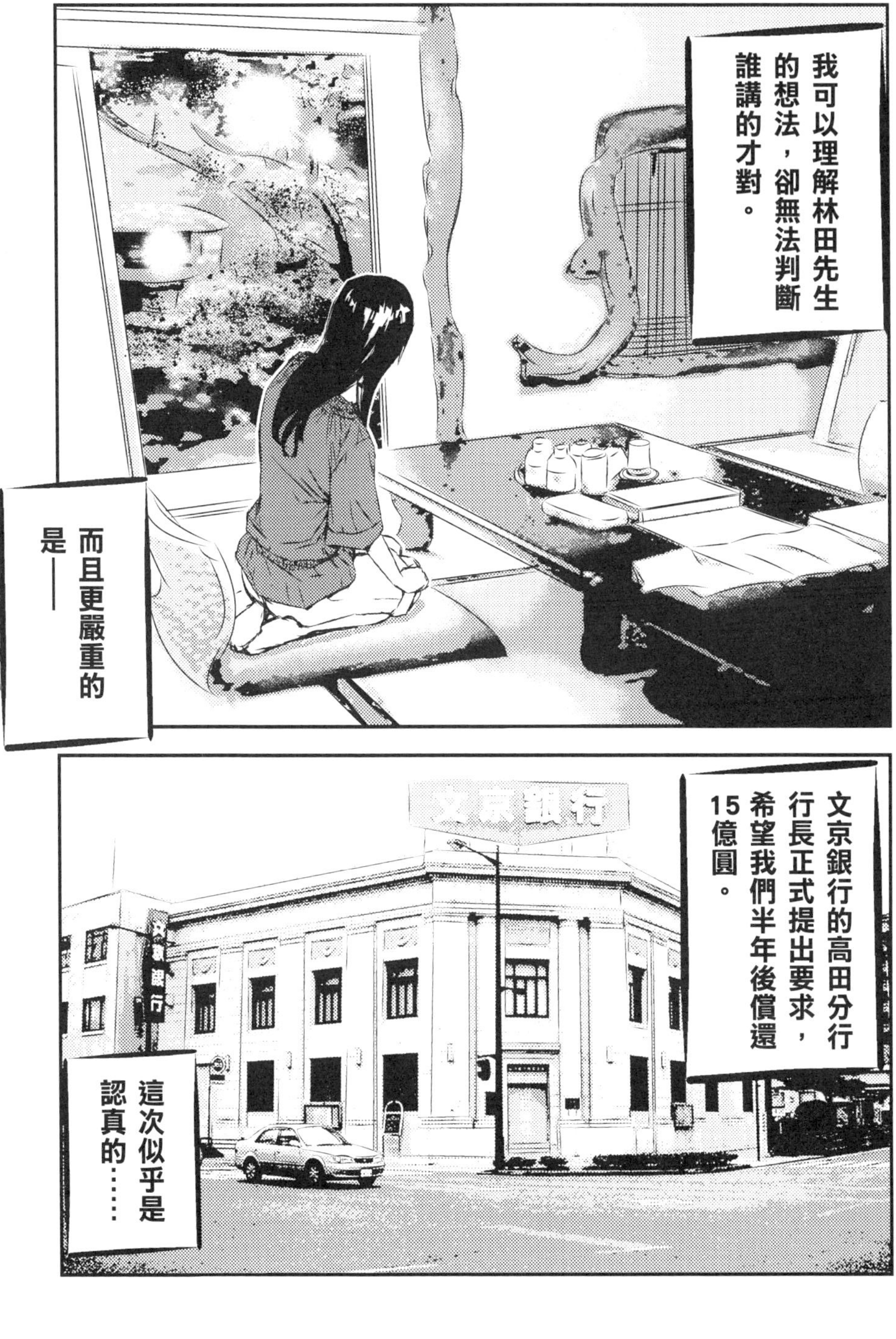
我可以理解林田先生的想法，卻無法判斷誰講的才對。
而且更嚴重的是——
文京銀行
文京銀行的高田分行行長正式提出要求，希望我們半年後償還15億圓。
這次似乎是認真的……

借來的知識派不上用場

之前我和妳母親碰過面哦！
這樣呀，我媽說了什麼……？
咕嚕
咕嚕
她很擔心妳唷～
面對從未碰過的煩惱，她顯得很憔悴！
妳有什麼煩惱，說來聽聽吧！
資……資金，
不夠……

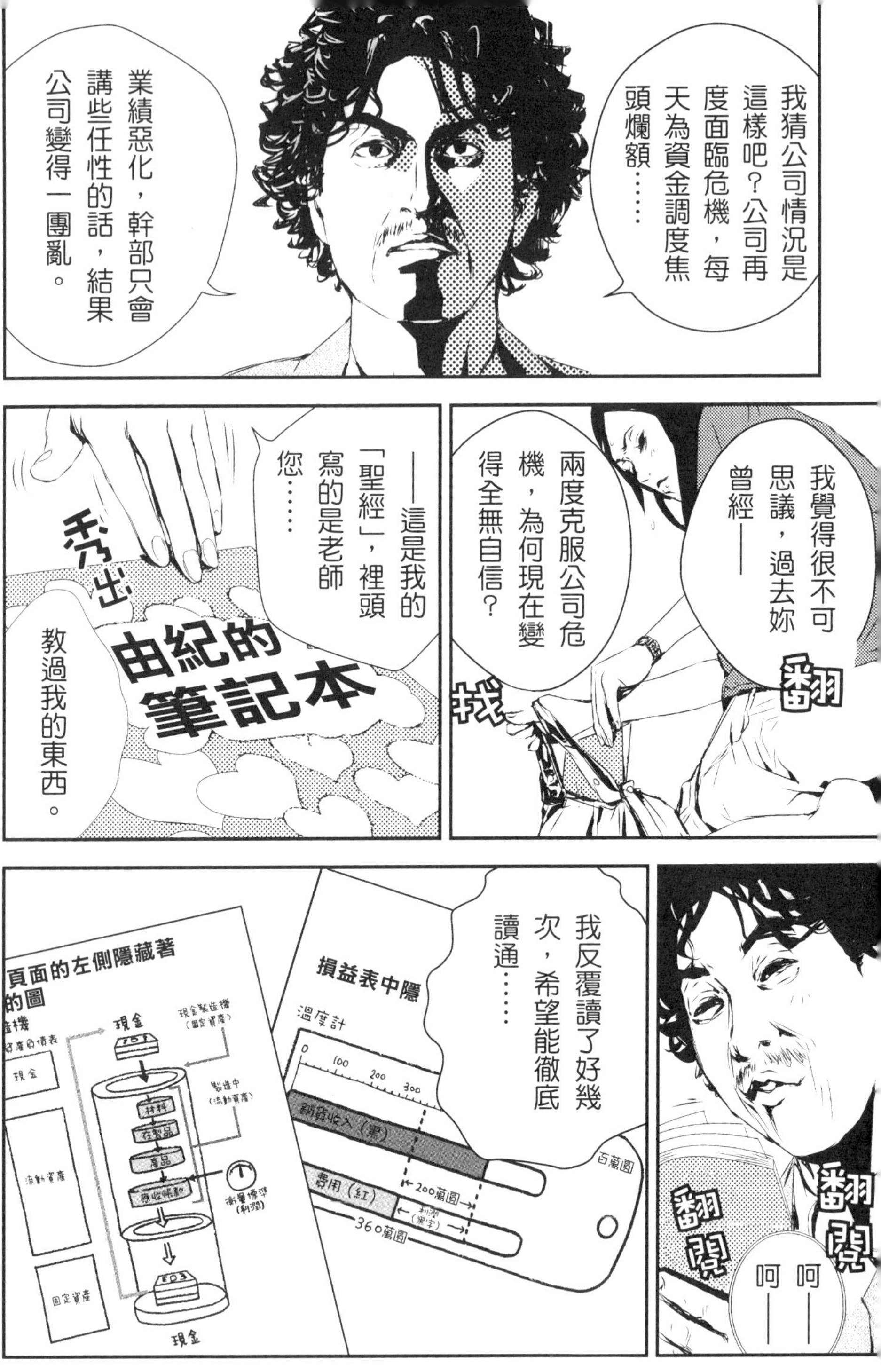
我猜公司情況是這樣吧？公司再度面臨危機，每天為資金調度焦頭爛額……
業績惡化，幹部只會講些任性的話，結果公司變得一團亂。
我覺得很不可思議，過去妳曾經──
翻
兩度克服公司危機，為何現在變得全無自信？
找
──這是我的「聖經」，裡頭寫的是老師您……
秀出
由紀的筆記本
教過我的東西。
翻閱
翻閱
呵呵──
呵呵──
我反覆讀了好幾次，希望能徹底讀通……
損益表中隱
溫度計
0
100
200
300
銷貨收入（黑）
百萬圓
費用（紅）
200萬圓
利潤（黑字）
360萬圓
頁面的左側隱藏著
的圖
現金
現金製造機（固定資產）
材料
在製品
產品
應收帳款
製造中（流動資產）
衡量標準（利潤）
現金
流動資產
固定資產
現金

但是卻沒有成果!!
而且，每次和表哥一討論，連老師教過我的東西，我也全都搞不懂了……
妳的意思是，妳根本什麼也不懂？
……或許是這樣……
管理會計只要兩年時間就能理解，但說到運用，又是另一回事——
由於管理、業務、法律、稅金、資訊科技，以及人的情感等等全都複雜交錯在一起，因此管理會計的範圍很廣，內容也很深奧。

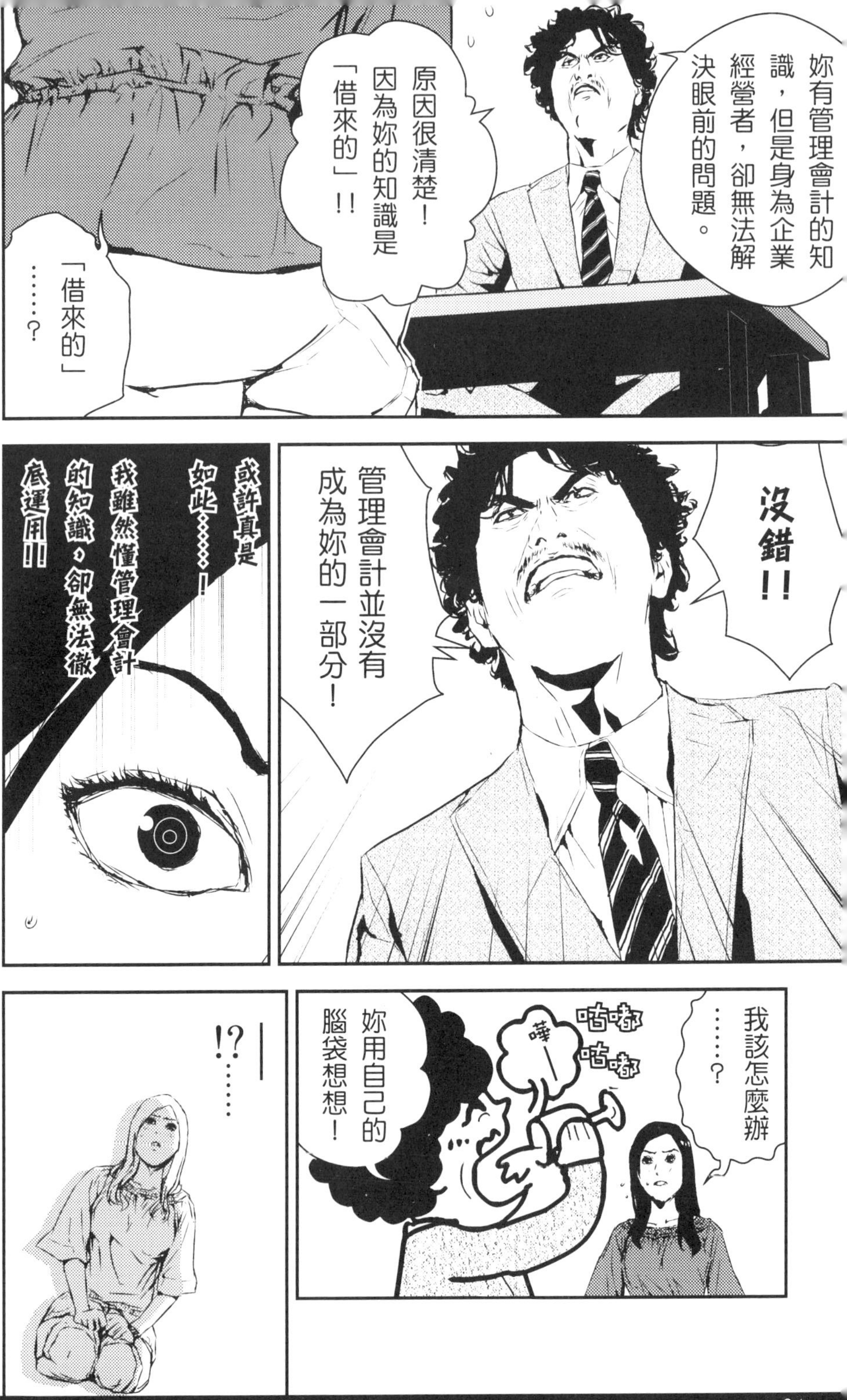

妳有管理會計的知識，但是身為企業經營者，卻無法解決眼前的問題。
原因很清楚！因為妳的知識是「借來的」！！
「借來的」……？
沒錯！！
管理會計並沒有成為妳的一部分！
或許真是如此……！
我雖然懂管理會計的知識，卻無法徹底運用！！
我該怎麼辦……？
妳用自己的腦袋想想！
咕嘟
咕嘟
嘩——
!?……

聰明人從歷史中學習

妳懂了吧？在書本裡學到的知識，是會計界的前輩歷經長時間設想出來的東西。
都不是妳自己想的，妳只是借用而已！
重要的是，要透過實際經驗，理解管理會計的理論！
在這個過程中，就會漸漸看出，
會計
管理會計的缺陷真的多得可以！
等妳累積經驗後，
前人的知識才會成為妳的血肉，成為妳的價值觀！
借來的知識是派不上用場的！有時候還可能成為兇器!!
成為兇器
……?!

沒錯……也可能為他人帶來不幸！
經驗固然重要……
猛抄
猛寫
但要注意的是，不能只執著於自己的經驗。
有句話不是說，「愚人從經驗中學習，聰明人從歷史中學習」嗎?!
俾斯麥（1815～1898）
田端先生既是企管碩士，又待過企管顧問公司，
這個嘛……妳沒必要和田端競爭，也沒必要他講什麼就聽什麼。
那麼，管理會計的理論是否已成為他的一部分呢？
只要從企業經營者的立場評斷他的能力就行了！

愚人從經驗中學習，聰明人從歷史中學習

這句話的意思是，愚人拘泥於自己的經驗，聰明人則一開始就會為了避開自己的偏誤，而喜歡傾聽別人的經驗（也就是歷史）。

身為社長
妳有義務要把田端培育成「真正的會計專家」!!
——那麼，進入正題吧！
公司一旦陷入危機，企業經營者就想找出背後的罪魁禍首，
像是景氣不好啦、缺乏暢銷產品啦、等等理由，但這是錯的！
那不過是自己種什麼因、得什麼果而已，Hanna也一樣！
——由紀小姐，妳可以把兩年前我們最後一次碰面，一直到今天為止的事，都講給我聽嗎？
——好！

至今發生的事

兩年前的電腦系統問題解決後，組織有了很大改變——
HANNA
由於會計與業務負責人離開公司，會計主任是由由紀自己兼任，
木村真奈美成為會計課長。
業務主任一職，則由在老客戶間風評很好的淺倉修一升任！
設計部由我最看好的設計師寒河江由加里擔任主任。
林田康介則成為製造主任、董事暨執行幹部。
他負責管理富山工廠與越南工場，是我的左右手！

公司就在這樣的五人體制下重新啟航
——剛開始，看起來十分順利！
但就在電腦系統開始運作，越南那裡也步上軌道時——
景氣突然急遽惡化！銷貨收入大減!!
資金調度變得吃緊！
——結果，公司又變成必須向銀行借貸，連由紀的母親里美名下的不動產都拿來抵押……
里美勉為其難蓋了章，但交換條件是讓由紀的表哥田端先生進公司。
只是，他也有他的問題……他給人的感覺，一直像是那種以大企業為客戶的企管顧問。
哼！
態度高傲，講話帶刺，員工都感到不舒服……
HANNA

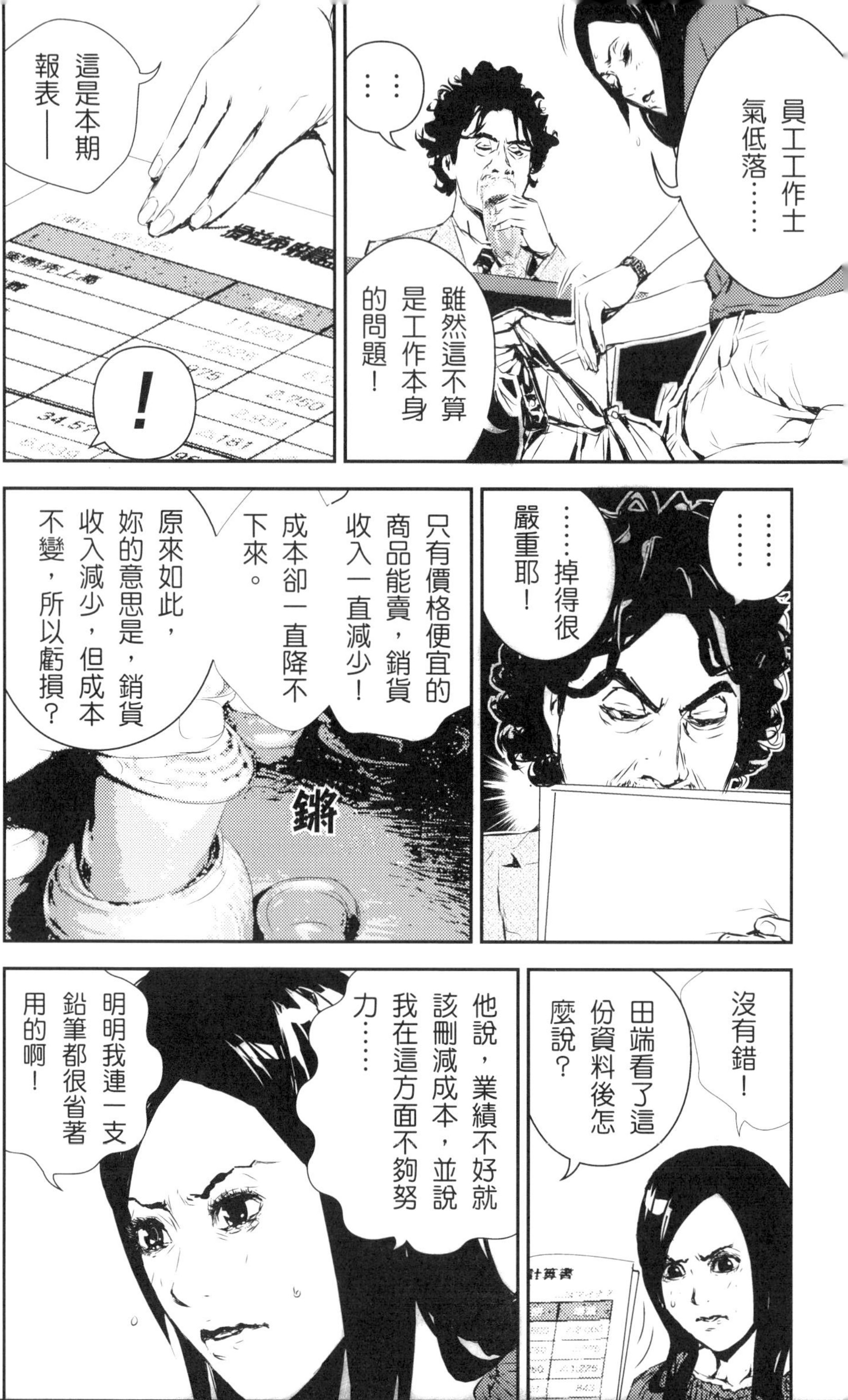
員工工作士氣低落……
……
雖然這不算是工作本身的問題！
這是本期報表——
！
……
……掉得很嚴重耶！
只有價格便宜的商品能賣，銷貨收入一直減少！
成本卻一直降不下來。
鏘
原來如此，妳的意思是，銷貨收入減少，但成本不變，所以虧損？
沒有錯！
田端看了這份資料後怎麼說？
他說，業績不好就該刪減成本，並說我在這方面不夠努力……
明明我連一支鉛筆都很省著用的啊！

妳不但沒浪費，還節省花費到連員工都受不了的地步。
然而，正如田端所點出的，公司虧錢！
而且，連原因都搞不清楚!!
點頭

銷貨收入與成本之間，有一條相連的紅線嗎？

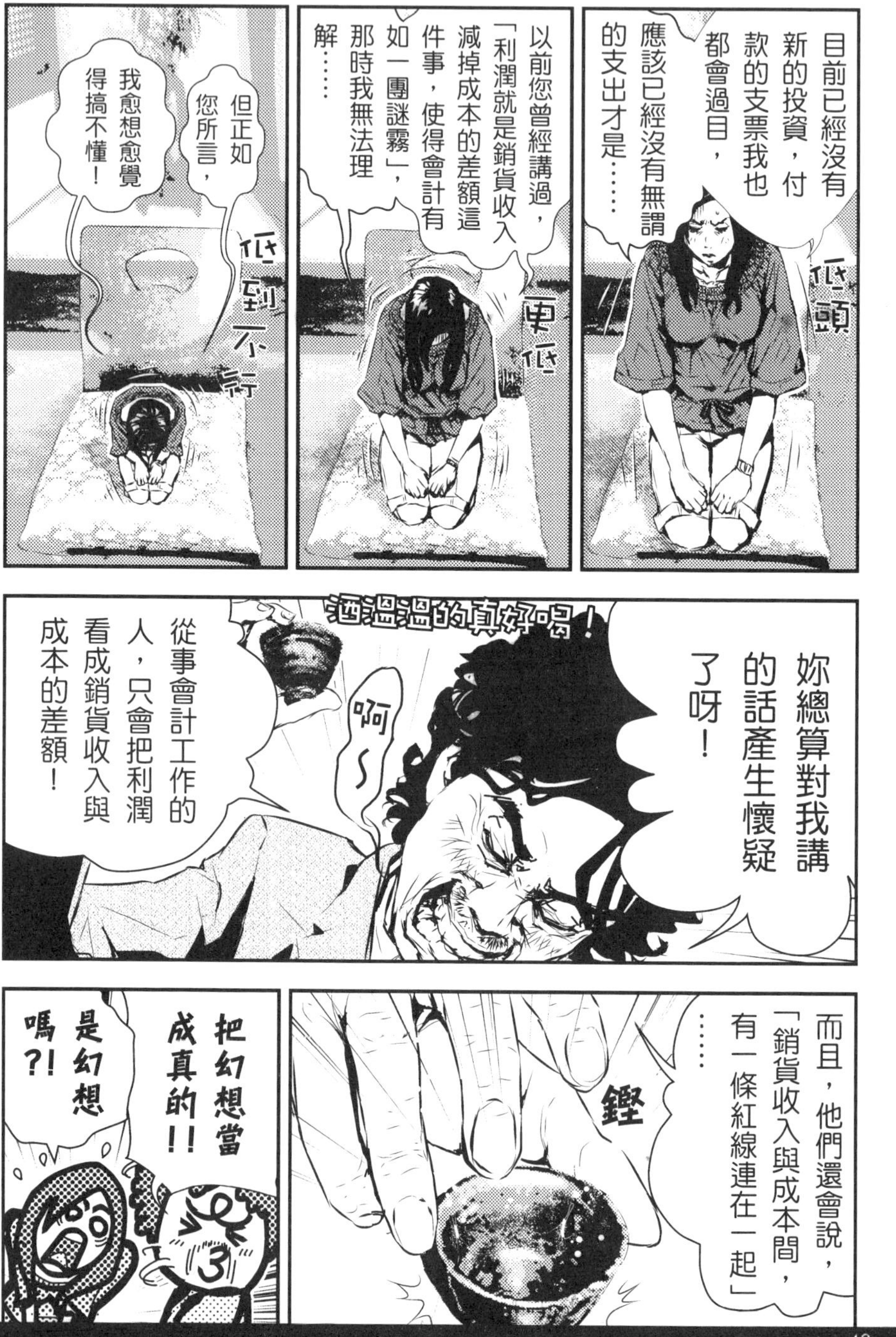

妳也認為，銷貨收入與成本間有因果關係嗎？
瞪
課本上說，要計算一年的經營成績（利潤），就是把當年的營業成果（銷貨收入），減去為了實現銷貨收入所耗費的努力（成本）。
也就是說，把彼此之間有因果關係的銷貨收入減去成本所得到的利潤，就代表那段期間的經營成績。
當然！
想當然耳！
錯，錯～!!
搖頭
妳的答案中有矛盾!!
欸？
剛才妳說沒有無謂的支出，但結果卻是虧損！
這樣的事實，妳如何說明?!
指～

咚
假如妳認為銷貨收入與成本間有一條紅線連著，那妳就是個不夠格的企業經營者！
稍微複習一下吧。
以前我講過「二八法則」對吧！
翻
翻
翻
那是兩年前在倫敦的餐廳——
二八法則
（兩成的活動創造出八成的成果，剩下的八成活動只創造兩成的成果。）
唔……假如把『活動』換成『成本』，『成果』換成『銷貨收入』的話……

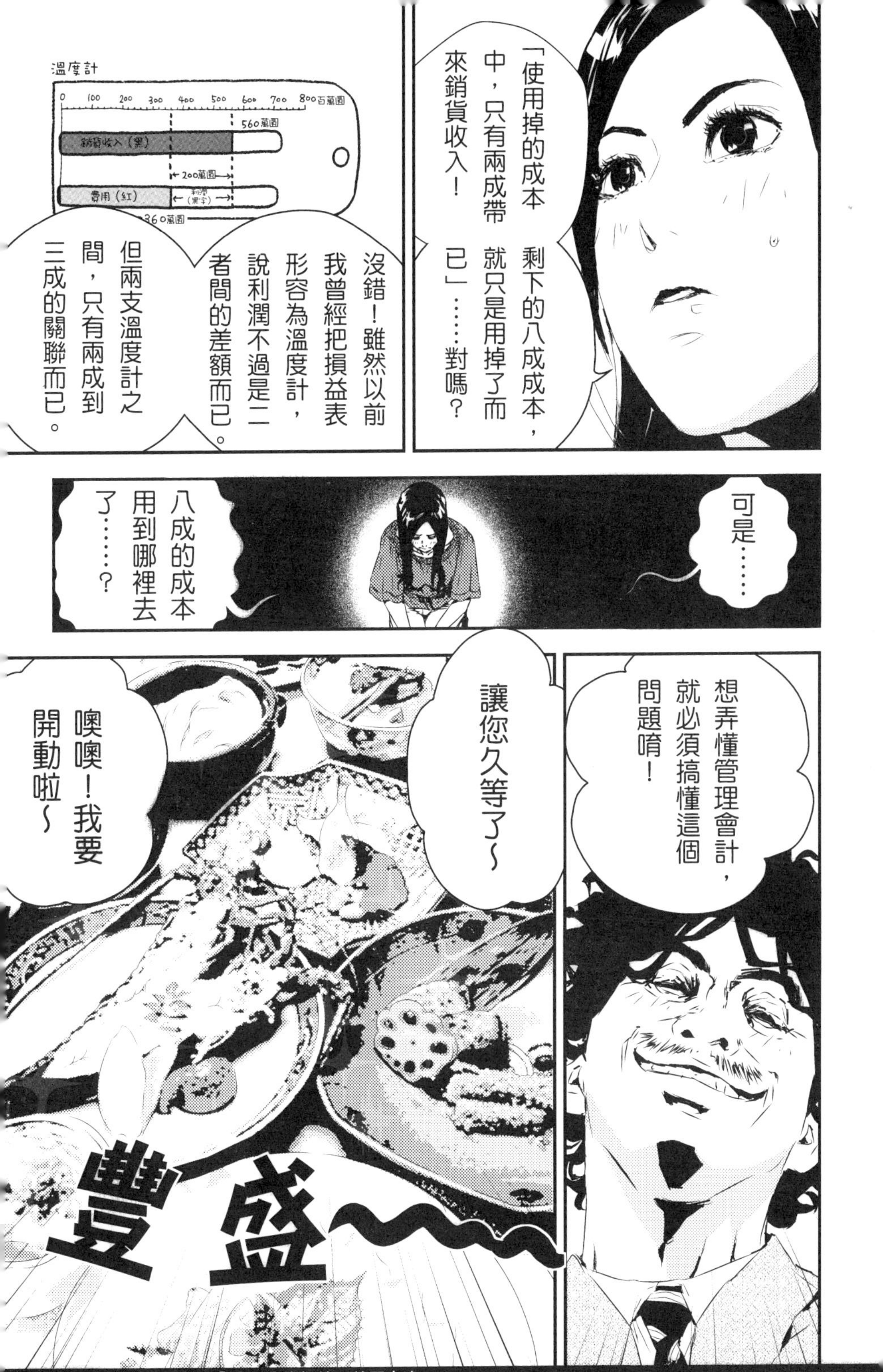
「使用掉的成本中，只有兩成帶來銷貨收入！剩下的八成成本，就只是用掉了而已」……對嗎？
溫度計
0 100 200 300 400 500 600 700 800百萬圓
560萬圓
銷貨收入（黑）
200萬圓
費用（紅）
利潤（黑字）
360萬圓
沒錯！雖然以前我曾經把損益表形容為溫度計，說利潤不過是二者間的差額而已。
但兩支溫度計之間，只有兩成到三成的關聯而已。
可是……
八成的成本用到哪裡去了……？
想弄懂管理會計，就必須搞懂這個問題唷！
讓您久等了～
噢噢！我要開動啦～
豐盛～

狂吃猛吃
狼吞虎嚥
一口
接一口
這個也好吃
讚
讚
現……現在的Hanna，已經沒有餘力支付高額報酬給安曇老師了……
那個……關於您的費用……
——嗯？要接受一流服務，就得付出一流報酬!!
大吃
特吃
這是規矩，也是禮貌！
是……

……不過！這次我不會給妳建議!!而是以旁觀者的身分守護!!!
……但好吃的料理與紅酒，還是不可少的!!
只要有成果，我就會收取應有的報酬，不會客氣唷!!!
哇——哈哈哈！
天外飛來一蝦
…

第2章

沒做什麼事，肚子照餓不誤

決算幹部會議

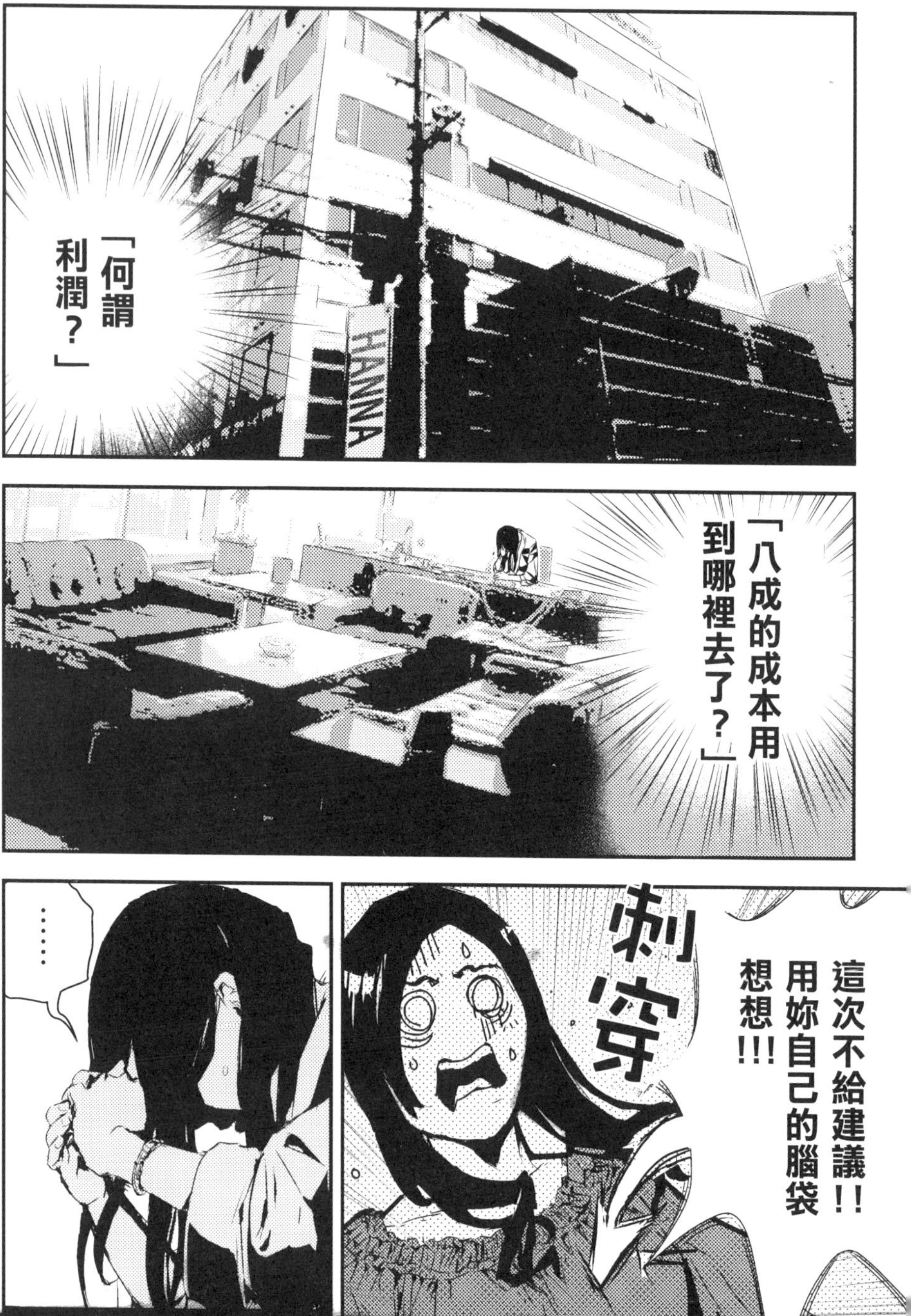
HANNA
「何謂利潤？」
「八成的成本用到哪裡去了？」
刺穿
這次不給建議!!用妳自己的腦袋想想!!!
……

叩
叩
答答
社長，早安！
這是財報！
早安
目前財報仍在編製中
所以只有Hanna全公司的損益表與製造成本報告書……
幹部們不約而同一起找起營收與利潤的數字……
他們就像學生拿到批改過的考卷一樣，想知道成績如何。

按
按
按
嗯
嗯
沙
沙
那麼，
現在開始說明決算概況！
如各位所見，營收比前年度減少了20億圓之多。
營收扣除變動成本後的邊際利潤，減少了12億3千萬，
但是固定成本卻增加了8億4千萬。

Hanna 的損益表　速報

（單位：百萬圓）　　　　△表負值

	前期	本期	增減
實際銷貨收入	11,500	9,500	△2,000
變動成本	7,525	6,750	△775
邊際利潤	3,975	2,750	△1,225
固定成本	2,088	2,931	843
利潤	1,887	△181	△2,068
邊際利潤率	**34.57%**	**28.95%**	
損益兩平銷貨收入（BEP）	6,039	10,124	
實際銷貨收入 -BEP	5,461	△625	

前期的銷貨收入明明比損益兩平水準還多54億圓，本期卻變成比損益兩平水準還少6億圓……

結果，前期的18億9千萬圓利潤，在本期變成了1億8千萬圓的虧損……

想避免虧損（使銷貨收入到達損益兩平水準），就必須再增加6億2千5百萬圓的銷貨收入。

答案很簡單！
砰
林田身為製造部門的負責人，到底做了什麼？
都是因為富山工廠未能因應景氣變動做調整，把危機想得太簡單，沒有著手刪減成本，才會造成這種狀況！

無謂的成本已經刪減到極致了！
極致？太天真了！你不懂會計！！
我來說明吧！！
成本可分為隨銷貨成本等比例增減的變動成本，以及除此之外的固定成本。
材料費與外包費，都是變動成本！製造成本、管銷費用、應付利息，則是問題所在的固定成本！
你說無謂的成本都已刪減，但固定成本卻不減反增！
這就是問題所在！！
田端，你該不會想拿員工的薪水開刀吧？
你說對了！
Hanna 目前正陷於危機！！
…

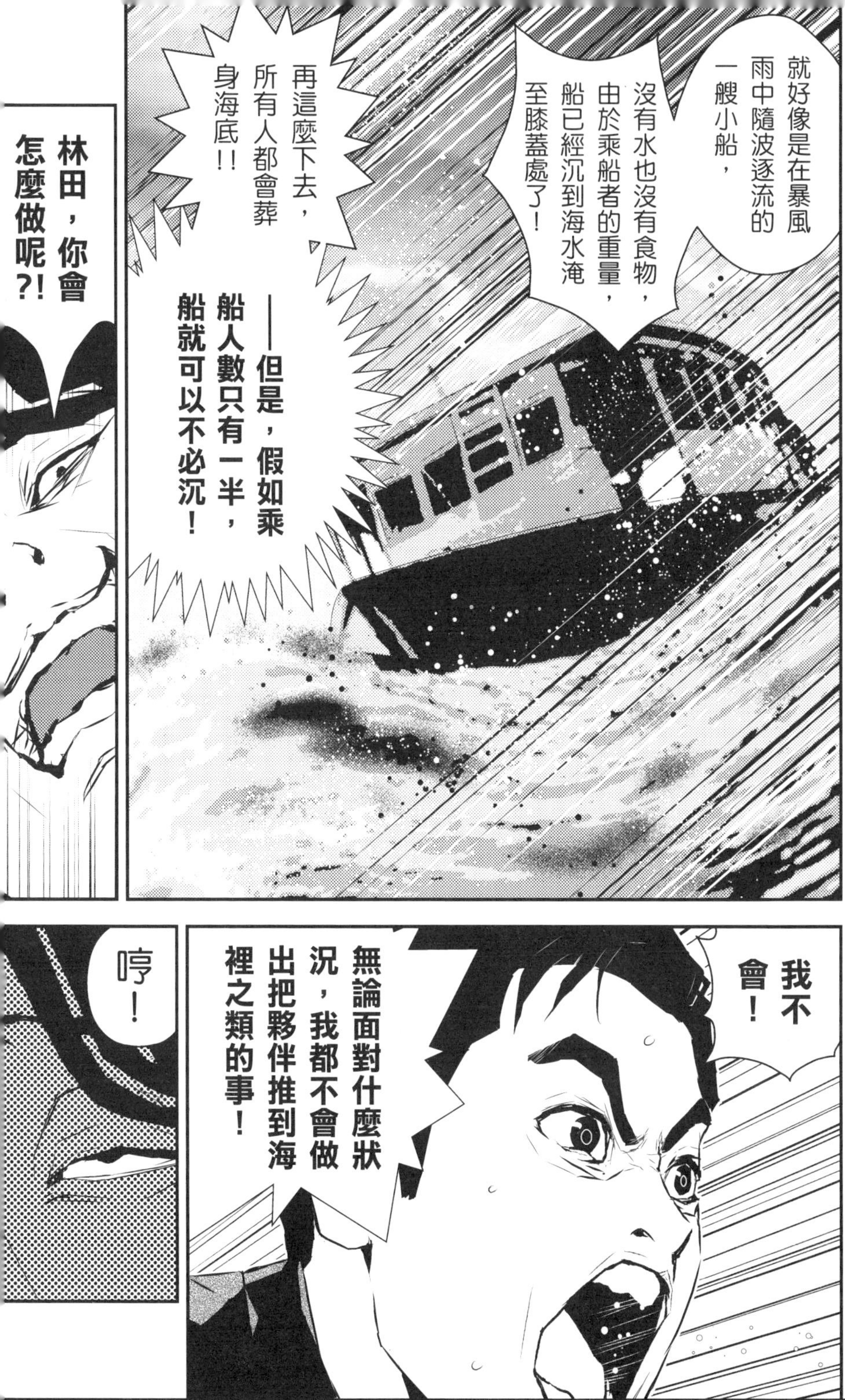
就好像是在暴風雨中隨波逐流的一艘小船，
沒有水也沒有食物，由於乘船者的重量，船已經沉到海水淹至膝蓋處了！
再這麼下去，所有人都會葬身海底!!
——但是，假如乘船人數只有一半，船就可以不必沉！
林田，你會怎麼做呢?!
我不會！
無論面對什麼狀況，我都不會做出把夥伴推到海裡之類的事！
哼！

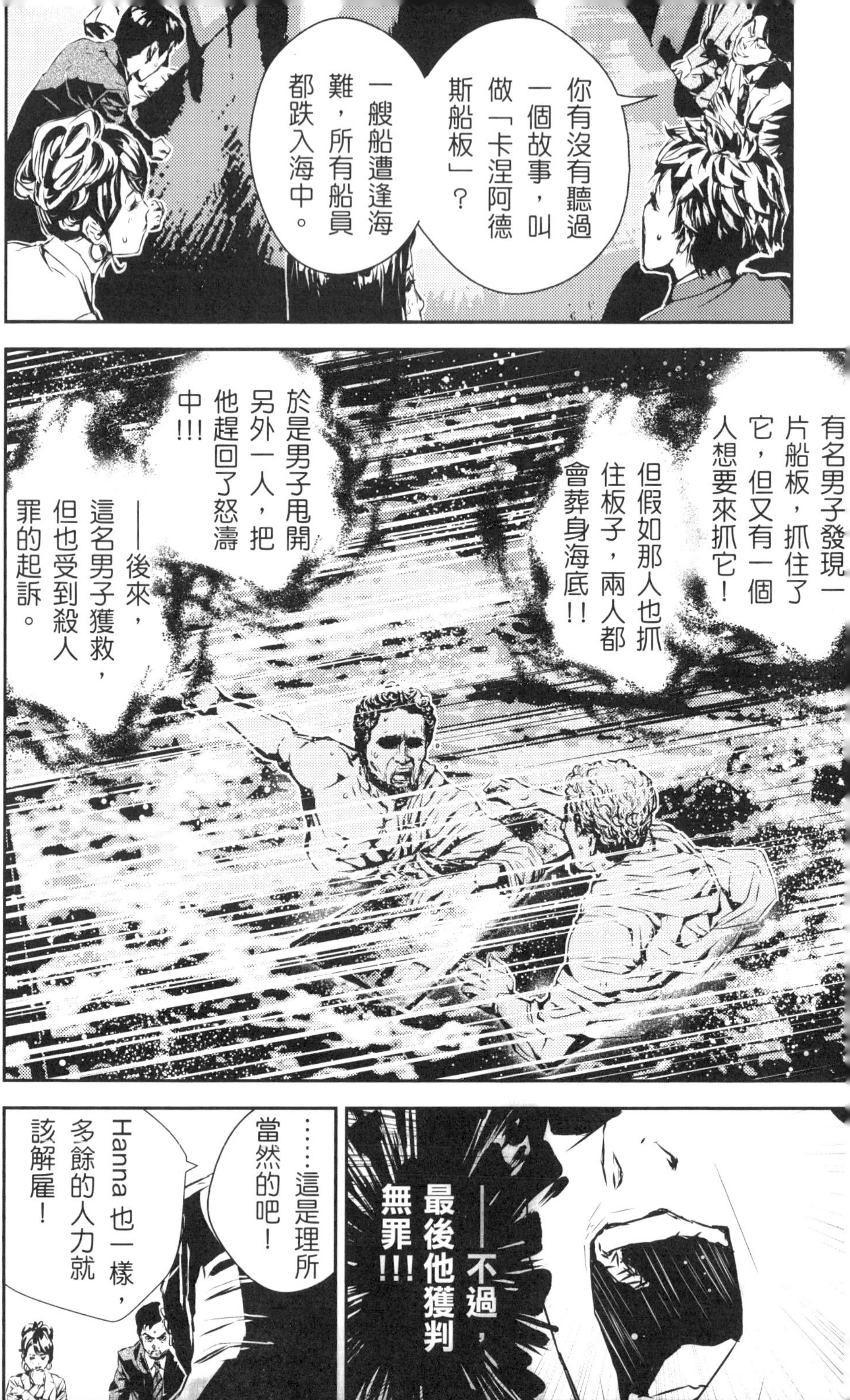
你有沒有聽過一個故事，叫做「卡涅阿德斯船板」？
一艘船遭逢海難，所有船員都跌入海中。
有名男子發現一片船板，抓住了它，但又有一個人想要來抓它！
但假如那人也抓住板子，兩人都會葬身海底!!
於是男子甩開另外一人，把他趕回了怒濤中!!!
——後來，這名男子獲救，但也受到殺人罪的起訴。
——不過，最後他獲判無罪!!!
……這是理所當然的吧！
Hanna也一樣，多餘的人力就該解雇！

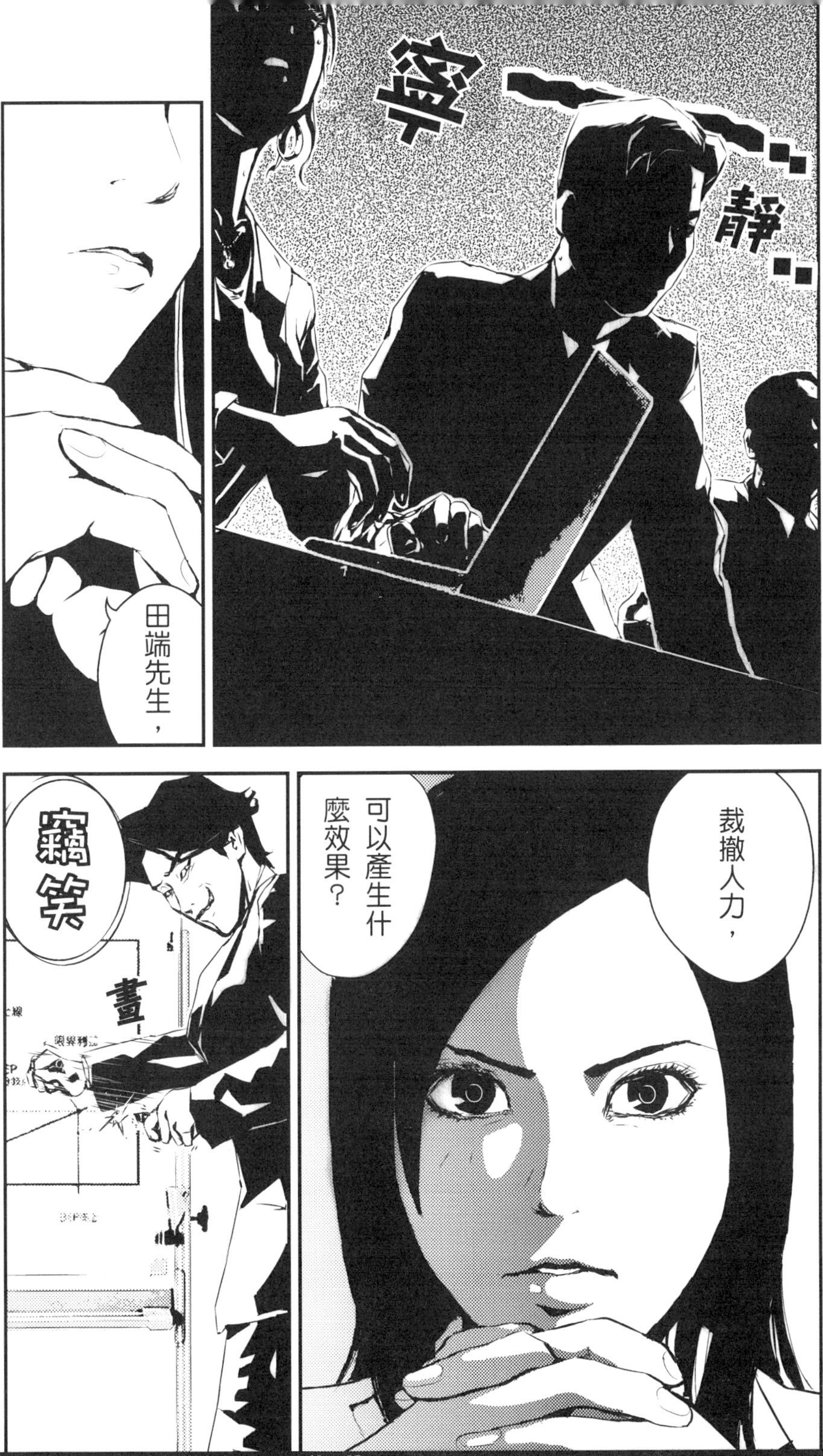
寧……靜……
田端先生，
裁撤人力，
可以產生什麼效果？
竊笑
畫

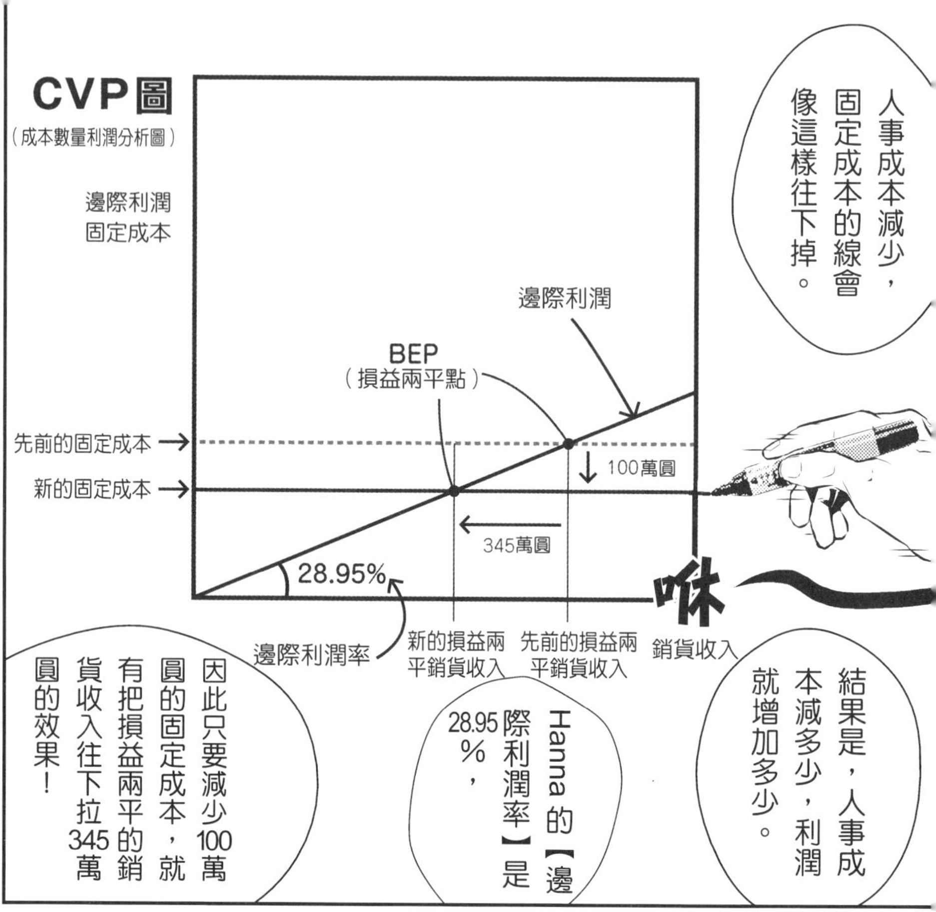

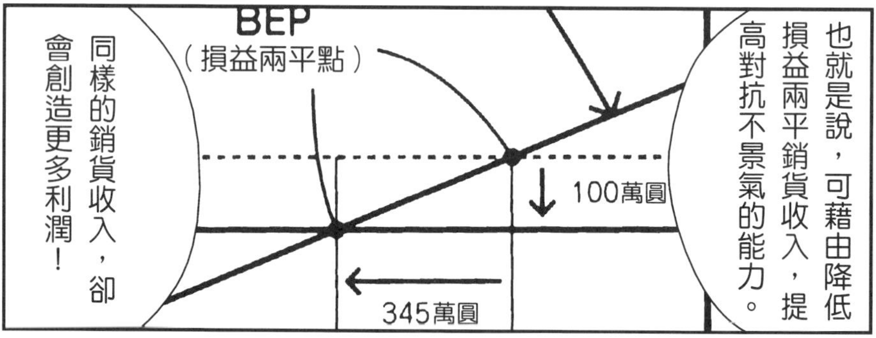

邊際利潤率

所謂的變動成本，是會隨著銷貨收入增減而增減的成本。銷貨收入扣除變動成本，就是邊際利潤。所謂的邊際利潤率，就是邊際利潤對銷貨收入的比例。在這個例子裡，是以如下的式子計算：

邊際利潤 27.5 億圓÷銷貨收入 95 億圓＝邊際利潤率 28.95%

現在這種大環境，銷貨收入可沒那麼容易增加。
因此應該從人事成本著手才對！
砰
——由紀小姐！不，社長……
妳連這種事都不懂嗎？
……

刪減人事成本也提高不了利潤

刪減了多少人事成本，
利潤真的就會增加那麼多嗎？
我不是才剛講完嗎？……
妳聽懂沒？
噢
真是的！
——你講的那些我也知道。
啊～？
那，妳要我怎麼說才滿意?!
我擔心的是，就算刪減人事成本，利潤可能也不會增加！
利潤當然會增加呀！
最容易刪減的就是人事成本啦!!
……固
固定成本每個月應該都有它產生的原因在，在了解原因前，不能去砍人事成本!!

勞動基準法

企業只要雇用任何一名員工就適用的法律，對於薪資、勞動時間、休息、假日、解雇等基本事項都有所規範。

就是那麼單純啊！
妳聽好——
根據勞動契約，【正職員工】無法馬上裁撤！
另外還有【派遣員工】，Hanna可能會想成是人事成本，但他們並非正式員工，正確來說屬於外包費用!!
他們所屬的部門不是人事部，而是像採購部採購什麼一樣！
假如下個月不需要，那麼別下單就行了！
兼職員工當然也算員工，無法隨便裁撤，
……
但可以減少他們的工作時間！
……

正職員工

雇用的形態大致可分為正職員工與非正職員工。其中，非正職員工又包括兼職員工、約聘員工、打工者等，以及其他公司雇用的派遣員工、來自承包商的員工等等所構成。

派遣員工

一般而言，公司付給派遣公司的費用列為「人力派遣費」或「外包費」。不過，雖然是派遣，但若從「費用是用於購買他們的勞動時間」的角度來看，在管理會計上，就有必要當成人事成本的一部分來看待。

HANNA
如果我記得沒錯，富山工廠的員工有四成是正職員工，三成是兼職員工，剩下三成是派遣員工吧？
原本不就是為了現在這種狀況，才把正職員工換成派遣員工或兼職員工嗎？
之所以對派遣員工下不了手，只不過是受到感情的左右罷了！
……
想想卡涅阿德斯船板吧！
只要裁掉派遣員工，Hanna 就能重拾活力!!
……
正……正職員工、兼職員工以及派遣員工，全是 Hanna 需要的人力！
正因為不分正職或非正職，大家一起提高技術水準，才得以做出高級服飾!!
不可能把他們這樣的一群人裁掉……!!!

嘖
林田講得沒錯!!
可是……

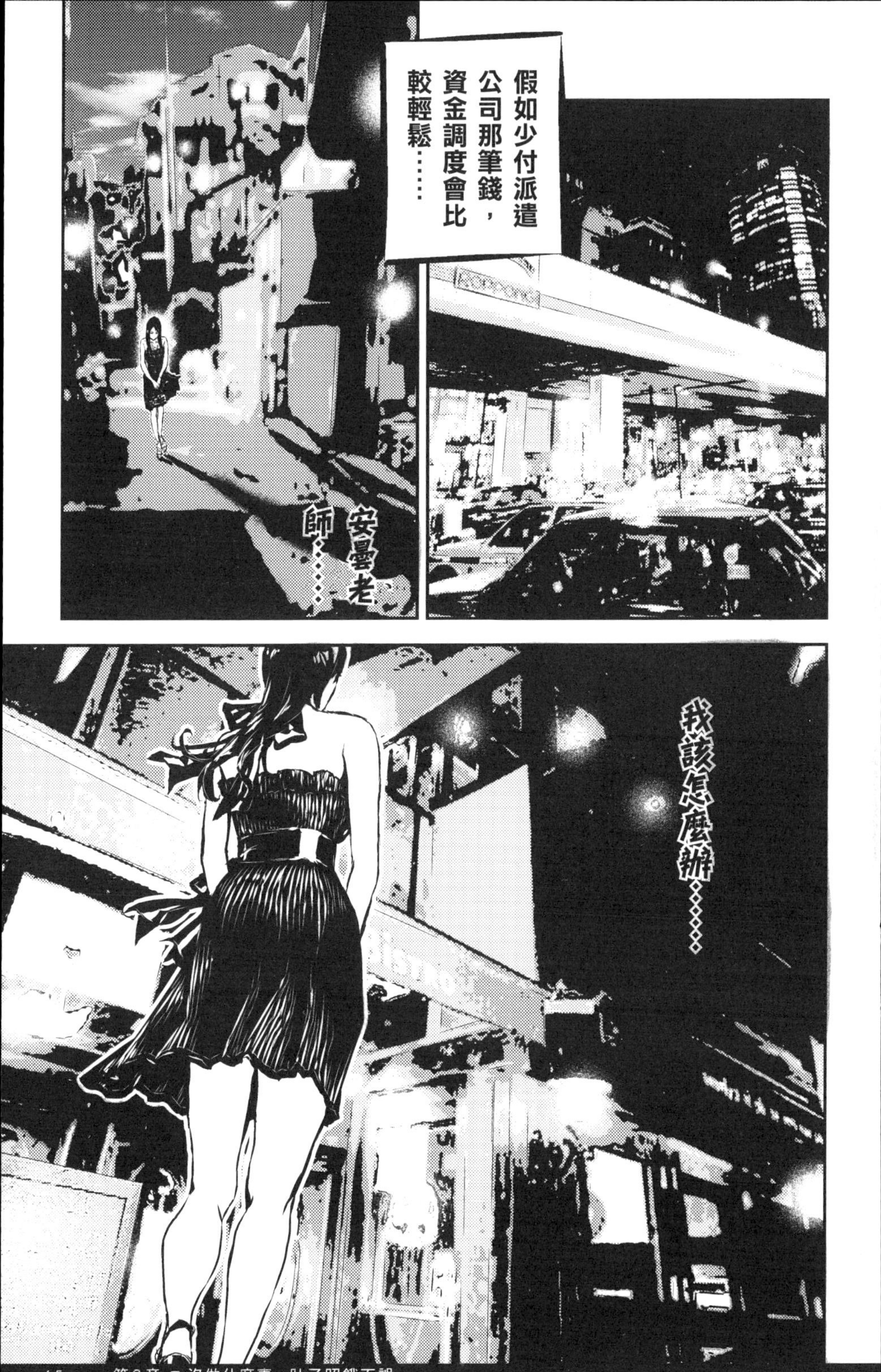
假如少付派遣公司那筆錢，資金調度會比較輕鬆……
安曇老師……
我該怎麼辦……

西麻布的法國餐廳

這家店的勃艮地料理很好吃！
我已經先點了主廚推薦！
就來個安・葛羅（Anne Gros）沃恩-羅曼尼（Vosne-Romanee）的一級葡萄酒吧！
由紀小姐，安可是勃艮地代表性的女釀酒師。
——那麼，開始吧！
今天起就由妳來思考、妳來下結論！
可以嗎?!
今天又因為人事成本的事而爭執……
我把幹部會議中的唇槍舌劍告訴了安曇老師——

──原來如此我想是這樣的情形吧？
田端主張應該刪減人事成本──
妳和林田雖然反對但是又隱約覺得，他講的好像頗有一番道理！
老師，你怎麼都知道?!
Hanna是一家有如家庭般的公司，沒辦法隨隨便便就裁員，
但田端卻沒有這樣的特別情感。
我無法理解那種想法，只因為業績差，就把裁員當成理所當然!!

就是因為妳有這樣的想法，員工才跟隨妳！
——只不過，有時還是必須做出一些冷血的決斷！！
不可感情用事！！！
田端先生是對的嗎?!
並非如此！妳和田端一樣，對管理會計都是只知其一，不知其二！！
欸？
田端在美國取得一流大學的MBA學位，
還在企管顧問公司服務過，竟然也是一知半解嗎?!

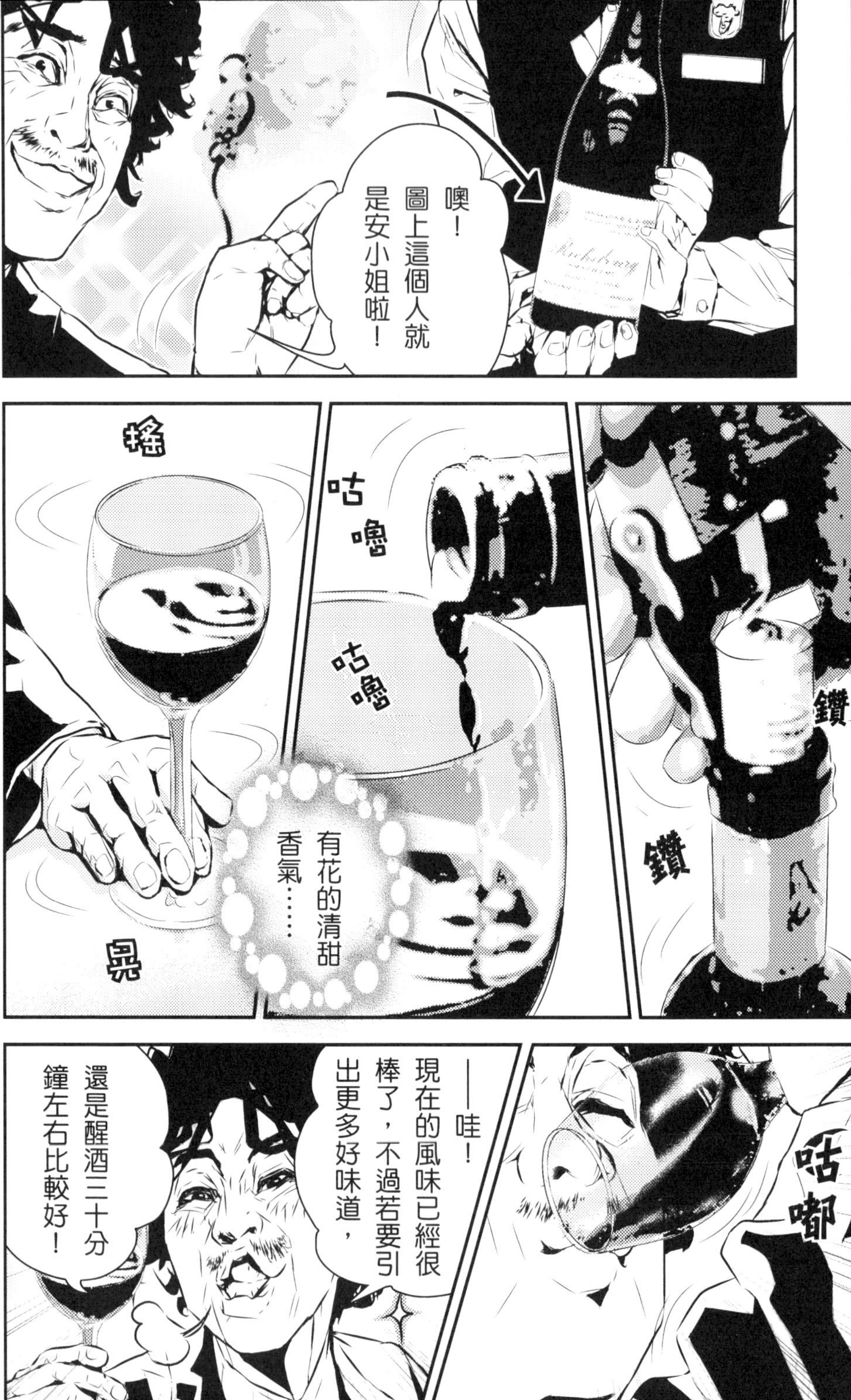

噢！圖上這個人就是安小姐啦！
鑽
鑽
咕嚕
咕嚕
有花的清甜香氣……
搖
晃
咕嘟
——哇！現在的風味已經很棒了，不過若要引出更多好味道，
還是醒酒三十分鐘左右比較好！

這段期間，咱們來參觀一下餐廳吧！
起身
欸？
滋～
滋～
咔恰
咔恰
唰
唰

潤一兄，可以讓我們參觀一下你們工作的情形嗎？
滋
請！
安曇老師告訴我，潤一先生曾在法國學做菜三年。
年紀最小的那位年輕人還是實習生，只負責洗餐具、洗菜、削皮等工作。
唰
唰
另外一位員工則依照潤一先生的指示烹飪。
舀

那麼，我們到用餐區去看看吧！
除了女性店長外，還有其他三名員工，
其中兩人負責接受點菜、上菜及說明菜色。
另外一人的衣領上別著閃閃發亮的金色葡萄串，那是侍酒師的徽章。
女店長的工作似乎在於，有效率安排這三名員工做事、招呼客人，以及負責結帳。

刪減不得的成本

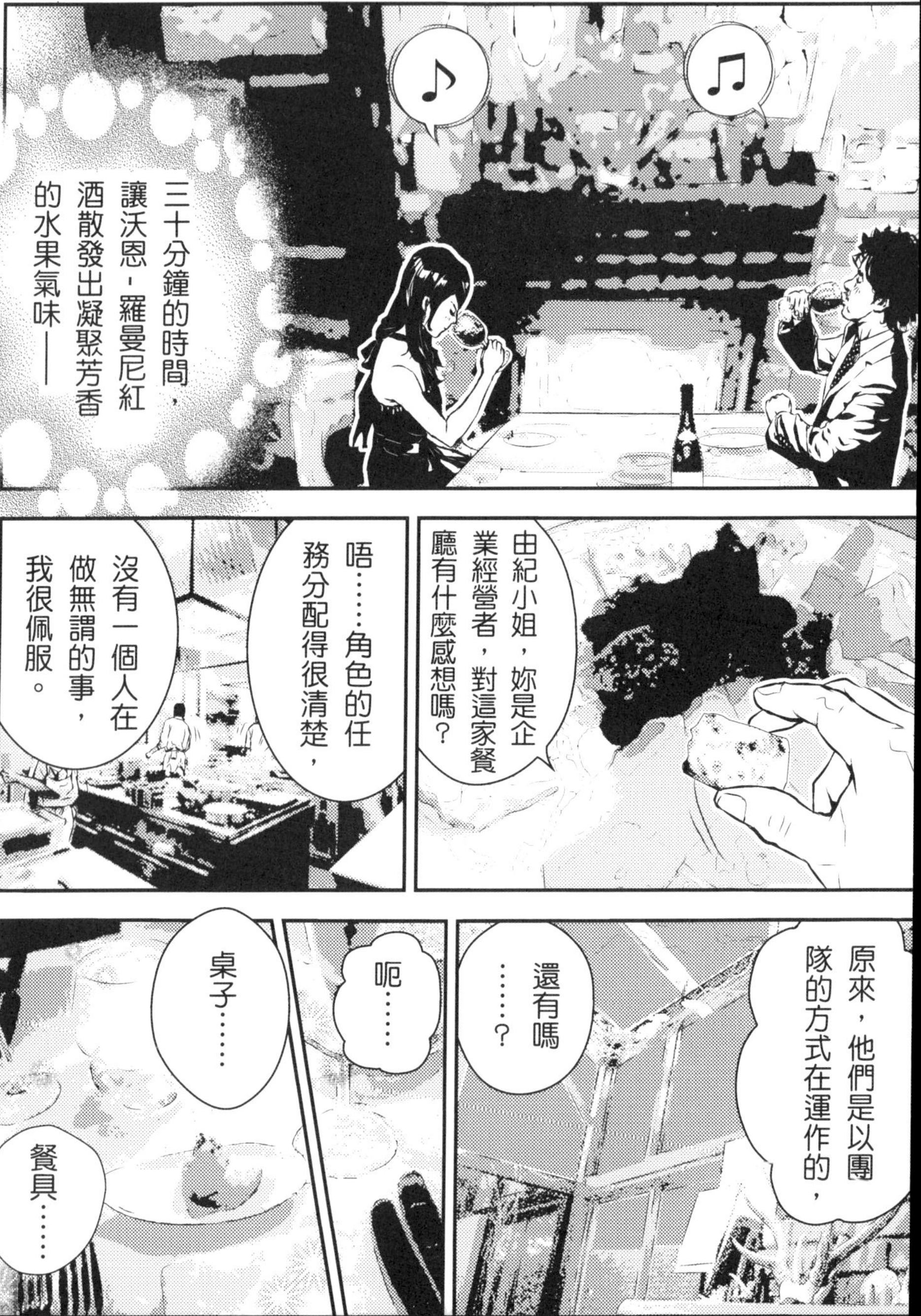
♪
♫
三十分鐘的時間，讓沃恩-羅曼尼紅酒散發出凝聚芳香的水果氣味——
由紀小姐，妳是企業經營者，對這家餐廳有什麼感想嗎？
唔……角色的任務分配得很清楚，
沒有一個人在做無謂的事，我很佩服。
原來，他們是以團隊的方式在運作的，
還有嗎……？
呃……
桌子……
餐具……

吊燈……窗簾……
全都豪華而整潔，給人不愧是高級餐廳的感覺。
——嗯！完全不使用便宜貨！連原子筆都是高級品。
這些全都得花錢！
由紀小姐！如果用「一句話」形容，他們在做些什麼？
呃，呃！
是不是……「經營法國餐廳」?!
——沒錯！
那麼，若以管理與會計的用詞來形容的話呢？
呃，呃……
拚命想

這家店的套餐要價1萬5千圓，
食材用的是剛才看到的蔬菜、魚貝以及肉類。
每個客人的食材成本只要5千圓，但顧客卻還是覺得「很實惠」，而開開心心地付款！……這是為什麼呢？
因為……
「感到滿足」嗎？
沒錯！店家提供價值，客人則支付高額費用做為滿足的對價。
那麼，這價值是由誰創造出來的？
主……主廚潤一先生嗎？
是嗎？潤一兄確實是核心人物。
但支撐這家店的，並不是只有他！
假如廚房其他兩人都離職呢？
無論誰離職，這家店的營收都會減少!!

微笑
外場也一樣！
如果把吊燈換成日光燈，
簽信用卡簽單用的筆換成便宜貨的話，客人會付1萬5千圓嗎？
那就和這家店的調性不合了吧！
—那麼，我來問妳一個和會計有關的問題吧！
這家店的人事成本、租金、電費以及消耗品費用，為何是固定成本？
咕嘟
因為，無論客人來不來，都必須花這些錢！
所以是固定成本！
妳說對了！經營法國餐廳，
意謂著必須進行一連串活動：
採購材料、調理、上餐、招呼客人、讓客人滿意開心，一直到收取費用為止。

一般稱為【間接成本】或【營業費用】的成本，為了做生意說什麼都得花。
所以屬於固定成本！
ㄉㄨㄞ
毫無疑問，無論正職員工、兼職員工或派遣員工，都是支持Hanna營運流程的一環！
因此，付給派遣公司的費用，無論計為薪資還是外包費用，只要公司還要繼續經營下去，都不能隨便說減就減！
妳似乎已經理出頭緒了呢！
但結論還早!!
ㄊㄛ吃
嚼～
嚼～
這個也超棒!!
ㄊㄛ吃
特吃
特吃
ㄊㄛ吃
…

間接成本

成本的發生無法直接歸屬到產品上的，就稱為間接成本。間接成本大致上都固定會發生，因此也是固定成本。

營業費用　材料費與外包費以外的一切費用。

為什麼不可以偏食？

妳似乎已經理解，「固定成本」是用於支撐事業的成本了！
BISTRO
對了，先前我去做健康檢查，醫生告訴我一件很有意思的事！
妳的我也吃看看哦！
根據一個人的身高、體重、年齡，就可以算出他的基礎代謝量——
嚼～
我一整天就算什麼也不做，也得消耗一千五百大卡，
如果那天有工作，就得消耗費兩千四百大卡！
嚼～
也就是說，只要我攝取的熱量在兩千四百大卡以下，再搭配運動，就一定會瘦！
——這時我告訴對方，
鏗

「那我每天就吃最愛的起司和紅酒，湊兩千四百大卡就好了。」
嘻……
結果，營養師擺出一副嚇人的表情訓斥我，「請一定要均衡攝取醣類、脂肪、蛋白質、維生素、礦物質，
以及食物纖維才可以！」
哇哈哈哈！
……
人的飲食必須要營養均衡才行！
公司要維持事業，也必須花費各式各樣的成本。
以餐廳為例，就是人事成本、租賃費用以及電費之類的！
光靠人事成本，餐廳也維持不下去……
對啦!!

假如只靠刪減人事成本就想消除虧損，就像為了減輕體重，就改為只吃紅酒與起司一樣!!
光刪減人事成本，公司的營養會失衡！
這麼一來，業績會更加惡化!!
沒錯!!
假如無法均衡使用各種【經營資源】（成本），就無法產生價值！
那麼，我再問一個問題！
假設景氣一直不好，餐廳顧客掉了一半，
就算員工的工作時間只有一半，營收也變成只有一半，所花的成本還是不變，
這時候的成本，是用到什麼事項去了？

經營資源

一般指的是「人力、物力、財力、資訊」。企業經營者的職責在於調度這些資源、有效分配、適切組合，好讓公司繼續維持下去。企業資源規劃（Enterprise Resource Planning, ERP）的概念，就是一種要有效活用經營資源的概念。詳情請參照本書姊妹作《壽司幹嘛轉來轉去？2》第 68 頁。

——Hanna現在的狀況就是這樣!!
顧客為餐廳提供的價值付費，而創造那樣的價值就得花費成本。
——不過就算餐廳不提供價值也還是有一筆固定的維持成本……
原來如此!!
筆記
啪
翻
翻
翻
啪
二八法則
——也就是說!!就算什麼也不做，還是有必須花的成本在!
問題就在於如何使用成本?!
答對了!!
——雖然不便大聲講出來……

這家店還是有許多不會產生價值的活動，我認為經營起來並不輕鬆！
欸?!
營業時間從晚上七點到十一點，只有四小時。假如下雨，就會有人取消訂位
有些菜很花工夫，而外場員工有時會閒著。
而且，不是每個客人都像我這樣愛喝紅酒，
也有客人不喝酒的。
再者，環顧四周，
廚房的三名員工與外場的四名員工，還是有許多無謂的動作！
真厲害……!!

哇～
好吃
吞
棒
咬
嚼
吃
……
不會產生價值的活動，非得減少不可！
妳可不能忘記自己講出「不裁員」的心情唷！
點頭
——但現實是嚴苛的！
工廠的生產量假如掉三成，每天生產服飾的時間，只要五小時就夠了吧！
剩下的三小時都是多餘的！

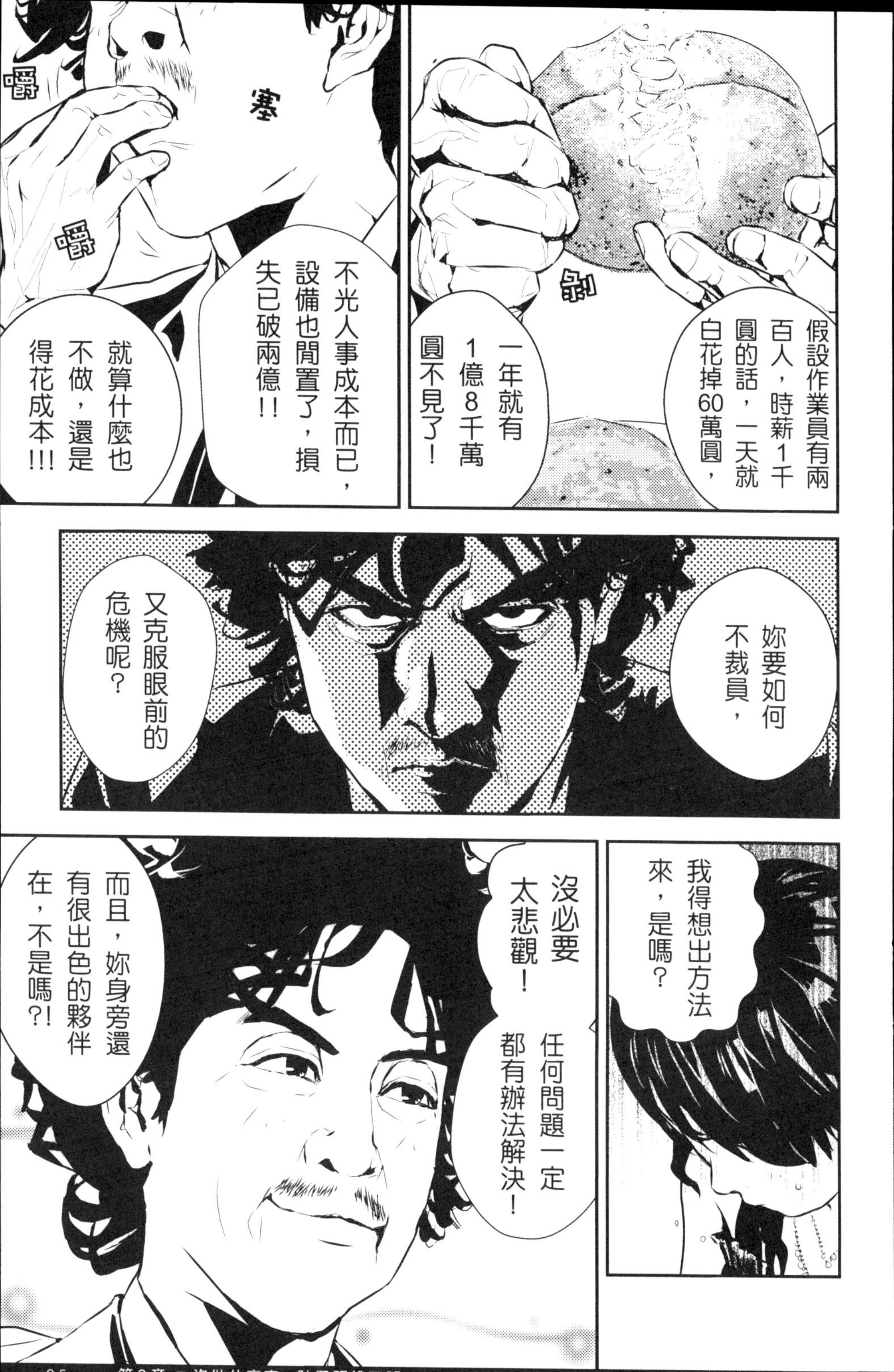
假設作業員有兩百人，時薪1千圓的話，一天就白花掉60萬圓，
剝
一年就有1億8千萬圓不見了！
嚼
塞
嚼
不光人事成本而已，設備也閒置了，損失已破兩億!!
就算什麼也不做，還是得花成本!!!
妳要如何不裁員，
又克服眼前的危機呢？
我得想出方法來，是嗎？
沒必要太悲觀！
任何問題一定都有辦法解決！
而且，妳身旁還有很出色的夥伴在，不是嗎?!

他們差不多要打烊了~
由紀小姐，我問妳一個問題：
「何謂利潤」……？
這問題不容易回答，但假如妳想繼續經營企業，
就勢必得找出答案來！

那，我們走吧！
嗯

……——老
老師?!

安曇老師!!
來人啊!!
安曇老師!!
躂
我是醫生!
……
摸

張
合
張
砰
…
請叫計程車!!
～～
～～
……

BISTRO

小姐，老師應該沒事！
而且他也已經結帳了。
——我什麼也幫不上忙……
能告訴我他送去哪個醫院了嗎？
很抱歉，我們也不清楚……

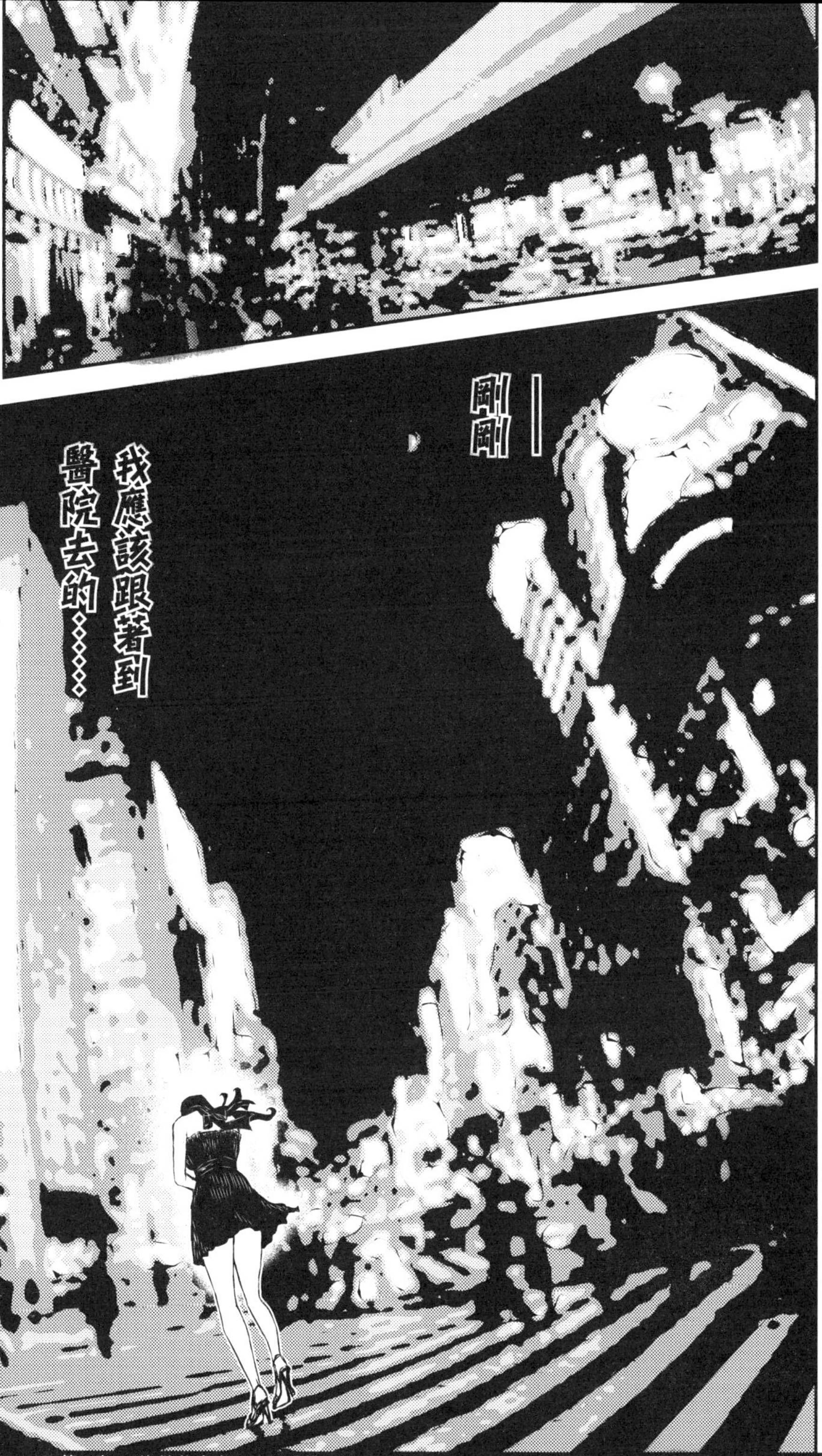
剛剛──
我應該跟著到醫院去的……

第3章
規則若已確定，就不能擅自改變

由紀家

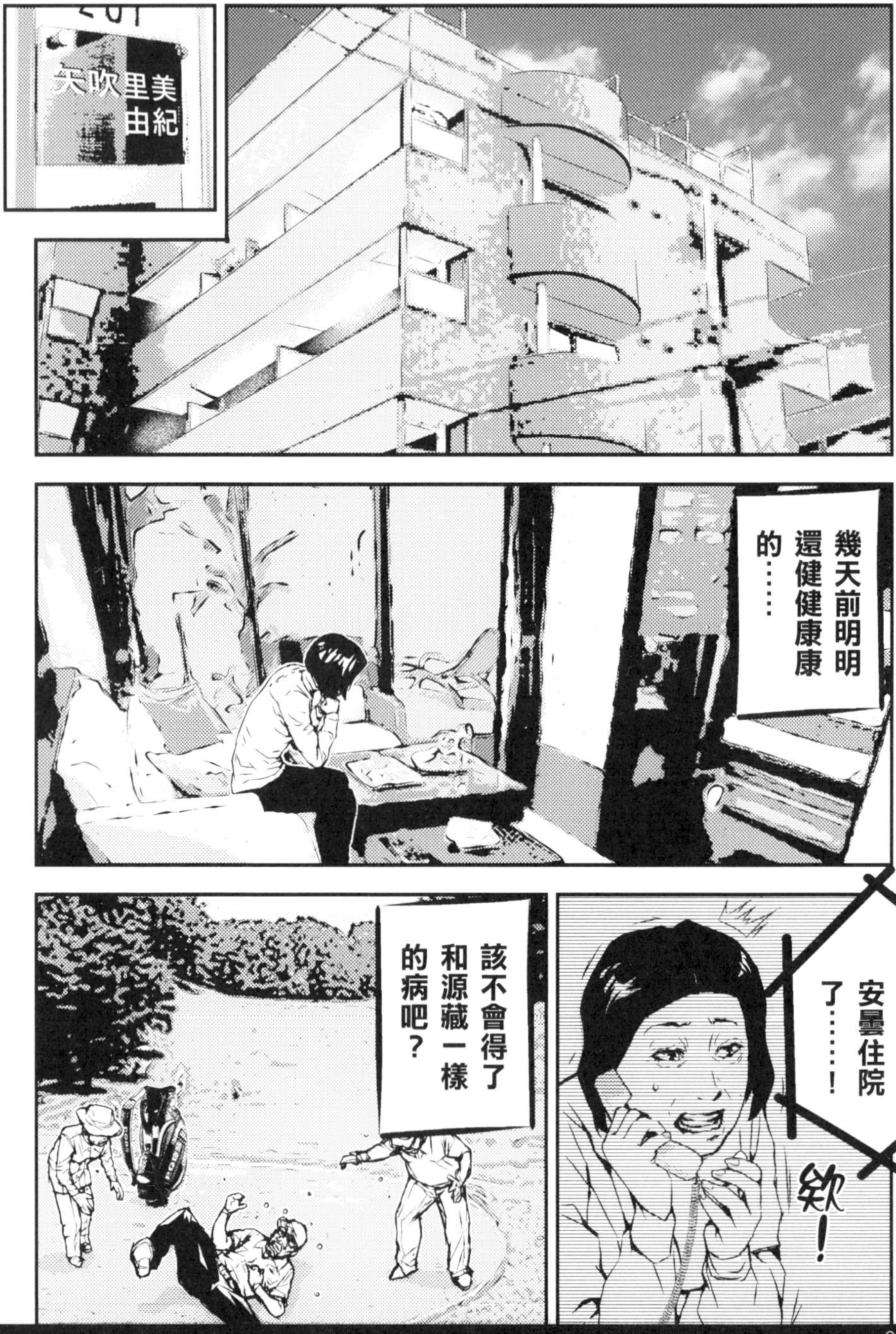
天吹里美
由紀
幾天前明明還健健康康的……
什麼！安曇住院了……！
欸！
該不會得了和源藏一樣的病吧？

啪
振作啊，里美!!
叮咚叮咚
喀啦
我回來了……
妳回來啦！
趴躂
趴躂
——剛才餐廳打來說，老師已經恢復意識了。
住哪家醫院？我們該去探個病！
還好碰巧有醫師在場，他們就坐計程車離開了……
搖
搖

我沒能……
陪他一起去……!!
很怪耶！明明人都倒下了，怎麼還坐計程車!!
該不會是沒什麼大礙吧？
嘟嚕嚕嚕嚕嚕
喀啦
您所播的號碼現在……
…
…
對！是這樣吧……！
嗶
嗶
嘟嚕嚕嚕嚕嚕
安藤先生
mail

啾
啾
叮咚 叮咚
……
老師到底……
怎麼了……

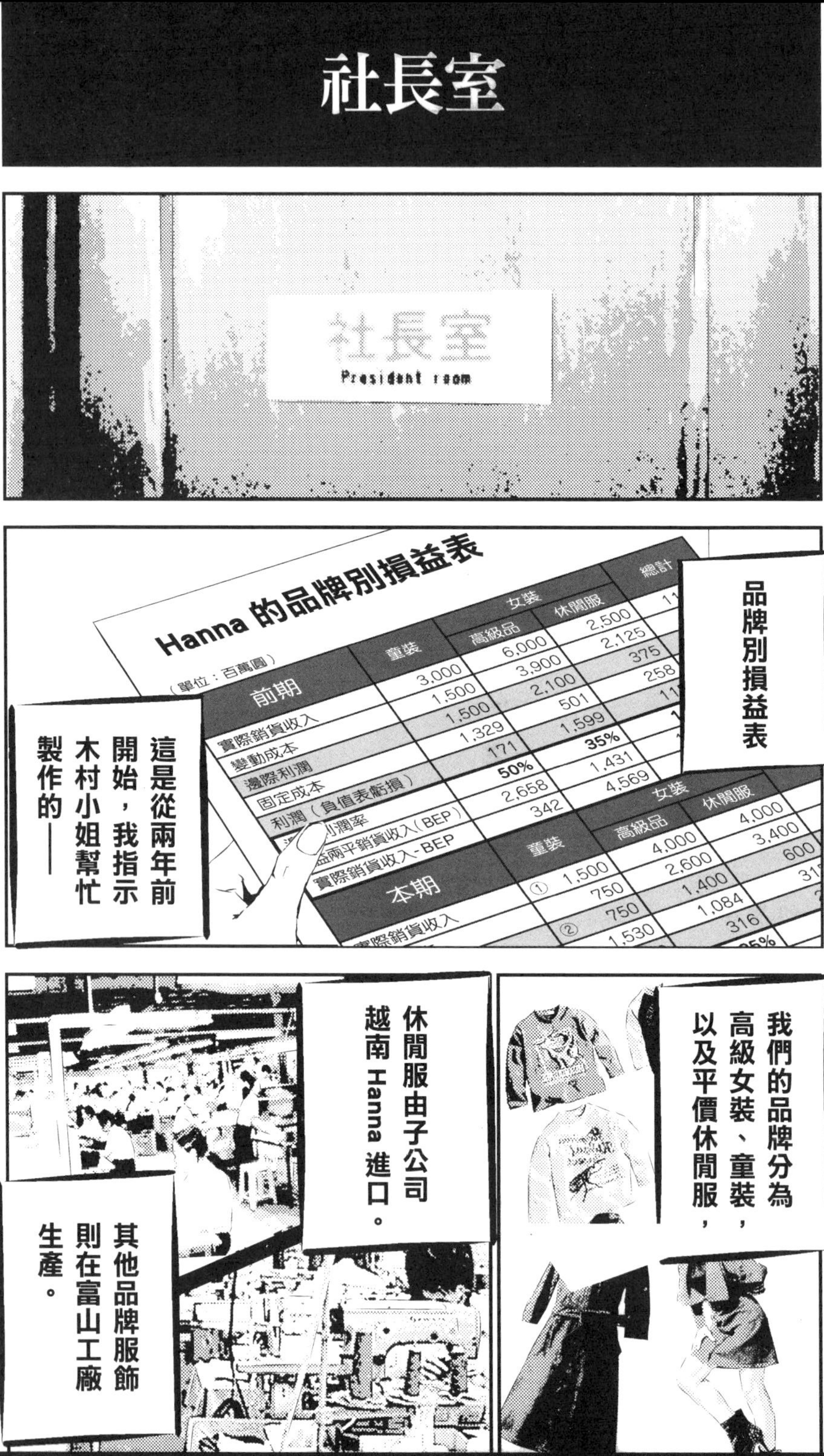

社長室
President room

品牌別損益表

Hanna 的品牌別損益表

（單位：百萬圓）

	童裝	女裝		休閒服	總計
		高級品			
前期		6,000		2,500	11...
	3,000	3,900		2,125	
實際銷貨收入	1,500	2,100		375	258
變動成本	1,500	501			11...
邊際利潤	1,329	1,599			
邊際利潤率	171	**35%**			
固定成本	**50%**	1,431			
利潤（負值表虧損）	2,658	4,569			
損平點	342				

	童裝	女裝	休閒服	
		高級品		
本期		4,000	4,000	
	① 1,500	2,600	3,400	
	750	1,400	600	31...
實際銷貨收入	② 750	1,084	316	
	1,530	316		
			35%	

這是從兩年前開始，我指示木村小姐幫忙製作的——

我們的品牌分為高級女裝、童裝，以及平價休閒服，

休閒服由子公司越南 Hanna 進口。

其他品牌服飾則在富山工廠生產。

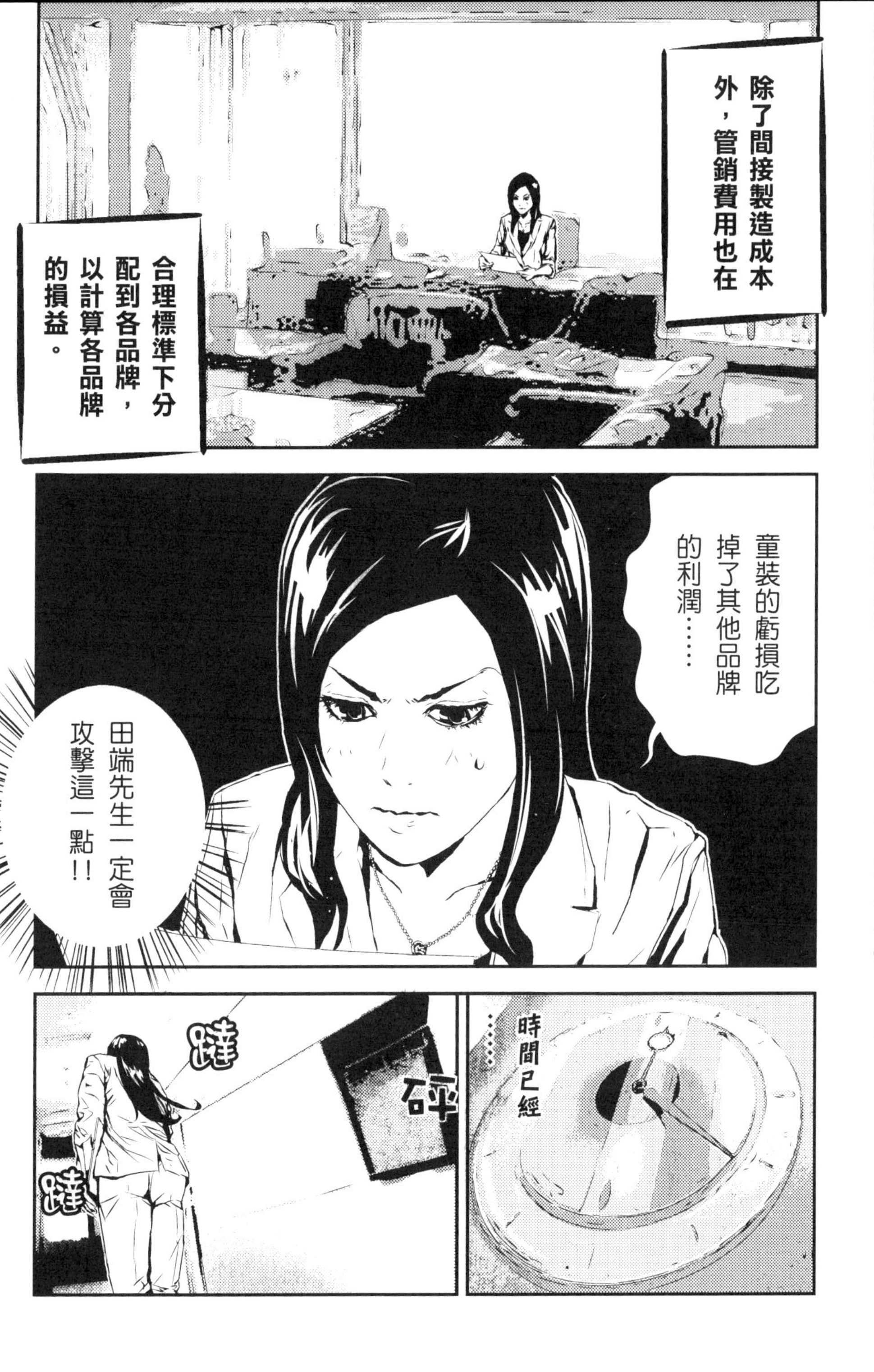
除了間接製造成本外，管銷費用也在
合理標準下分配到各品牌，以計算各品牌的損益。
童裝的虧損吃掉了其他品牌的利潤……
田端先生一定會攻擊這一點!!
時間已經……
躂
碎
躂

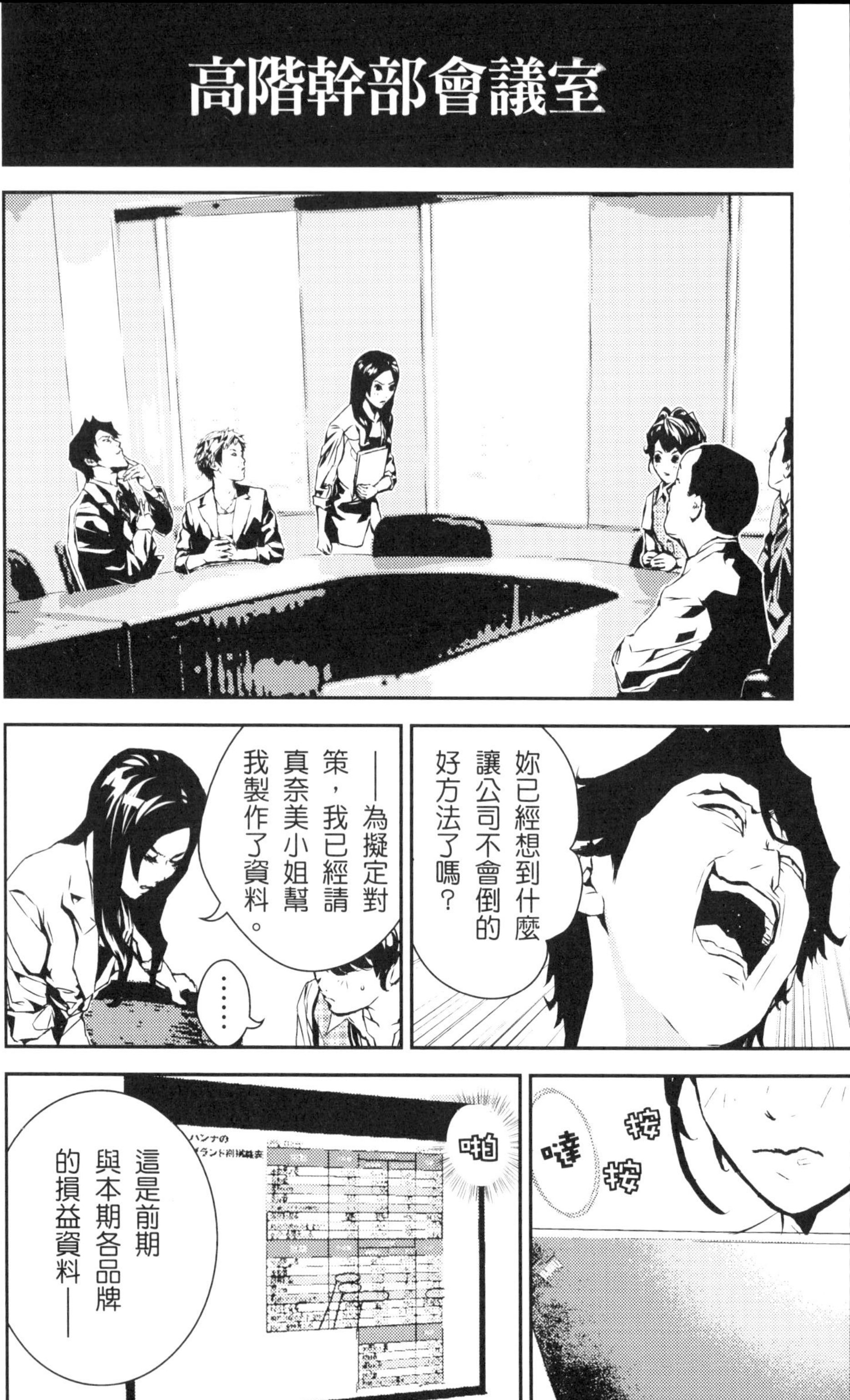
高階幹部會議室
妳已經想到什麼讓公司不會倒的好方法了嗎？
——為擬定對策，我已經請真奈美小姐幫我製作了資料。
……
嗒
按
按
啪
這是前期與本期各品牌的損益資料——

Hanna 的品牌別損益表

（單位：百萬圓）　　　　△表負值

前期	童裝	女裝		總計
		高級品	休閒服	
實際銷貨收入	3,000	6,000	2,500	11,500
變動成本	1,500	3,900	2,125	7,525
邊際利潤	1,500	2,100	375	3,975
固定成本	1,329	501	258	2,088
利潤（負值表虧損）	171	1,599	117	1,887
邊際利潤率	**50%**	**35%**	**15%**	**34.5%**
損益兩平銷貨收入（BEP）	2,658	1,431	1,720	6,052
實際銷貨收入 - BEP	342	4,569	780	5,458

本期	童裝	女裝		總計
		高級品	休閒服	
實際銷貨收入	① 1,500	4,000	4,000	9,500
變動成本	750	2,600	3,400	6,750
邊際利潤	② 750	1,400	600	2,750
固定成本	1,530	1,084	317	2,931
利潤（負值表虧損）	③ △780	316	283	△181
邊際利潤率	**50%**	**35%**	**15%**	**28.95%**
損益兩平銷貨收入（BEP）	3,060	3,097	2,113	10,124
實際銷貨收入 - BEP	△1,560	903	1,887	△624

	增減
實際銷貨收入	△2,000
變動成本	△775
邊際利潤	△1,225
固定成本	843
利潤（負值表損失）	△2,068

這一年來，童裝的成績尤其不好！

童裝的銷貨收入較前期減少15億圓①

銷貨收入扣除材料費、外包費後的邊際利潤，也變成前期的一半②

這是因為經濟不景氣，暢銷商品的價格帶往低價區間移動，

但由於固定成本較前期增加，邊際利潤已變成不足以回收固定成本！

所以童裝部門虧損了7.8億③

這一點，田端先生在上次會議中已經提過。

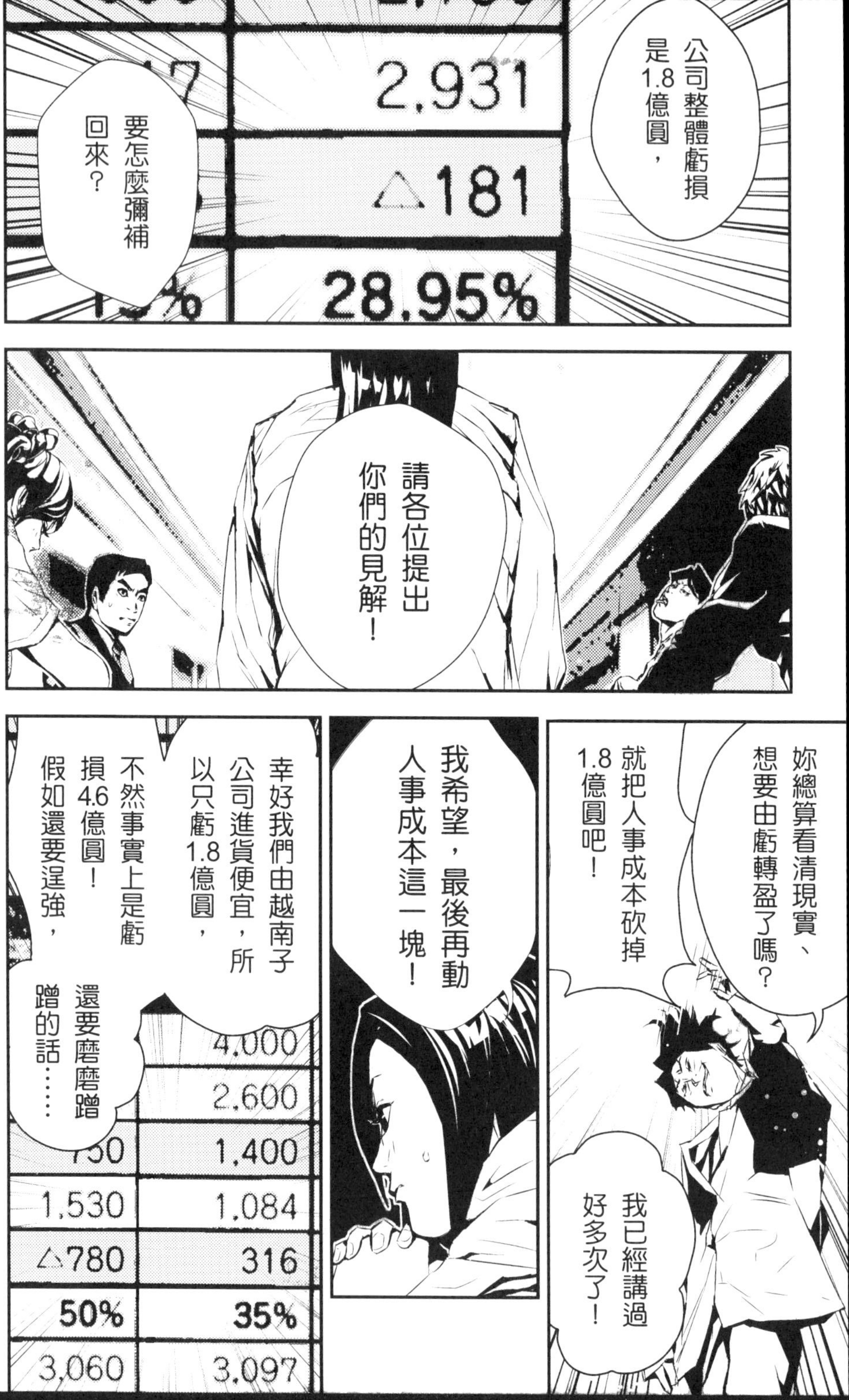
公司整體虧損是1.8億圓，
要怎麼彌補回來？
2,931
△181
28.95%
請各位提出你們的見解！
妳總算看清現實、想要由虧轉盈了嗎？
就把人事成本砍掉1.8億圓吧！
我已經講過好多次了！
我希望，最後再動人事成本這一塊！
幸好我們由越南子公司進貨便宜，所以只虧1.8億圓，不然事實上是虧損4.6億圓！假如還要逞強，
還要磨磨蹭蹭的話……
4,000
2,600
1,400
1,530 1,084
△780 316
50% 35%
3,060 3,097

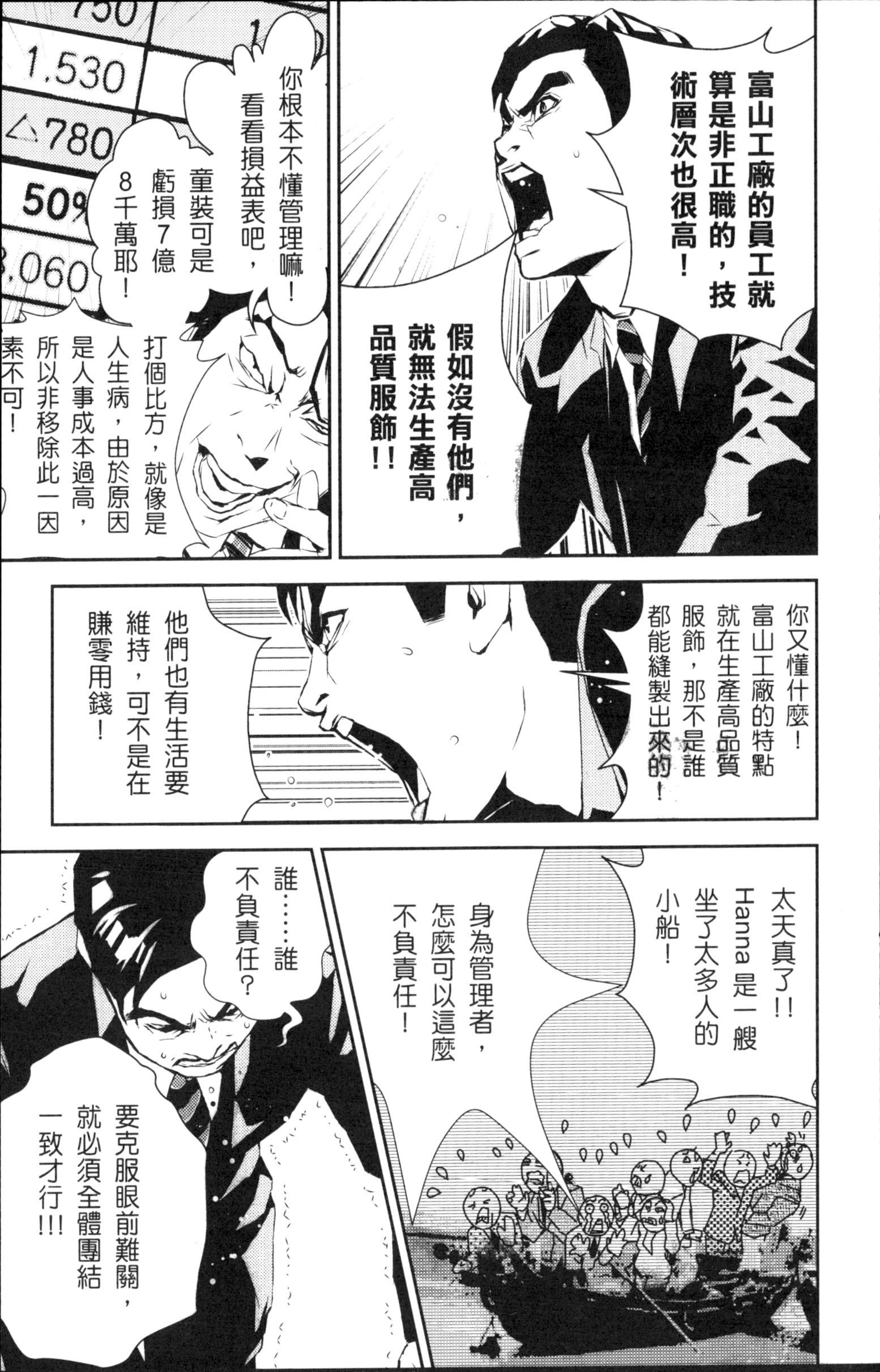
富山工廠的員工就算是非正職的，技術層次也很高！
假如沒有他們，就無法生產高品質服飾!!
你根本不懂管理嘛！看看損益表吧，童裝可是虧損7億8千萬耶！
打個比方，就像是人生病，由於原因是人事成本過高，所以非移除此一因素不可！
1,530
780
50%
,060
你又懂什麼！富山工廠的特點就在生產高品質服飾，那不是誰都能縫製出來的！
他們也有生活要維持，可不是在賺零用錢！
太天真了!! Hanna是一艘坐了太多人的小船！
身為管理者，怎麼可以這麼不負責任！
誰……誰不負責任？
要克服眼前難關，就必須全體團結一致才行!!!

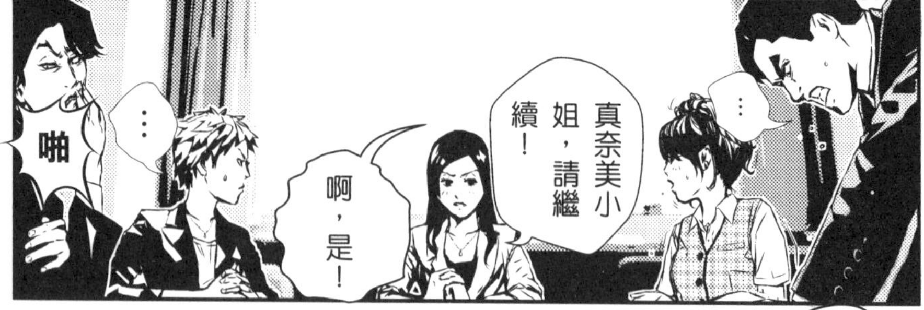
……
真奈美小姐，請繼續！
啊，是！
……
啪

CVP 圖

童裝

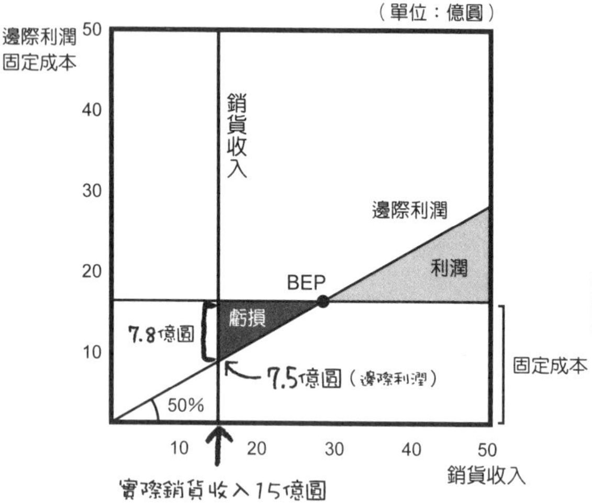
（單位：億圓）
邊際利潤
固定成本
50
40
30
20
10
銷貨收入
邊際利潤
利潤
BEP
虧損
7.8億圓
7.5億圓（邊際利潤）
50%
固定成本
10
20
30
40
50
銷貨收入
實際銷貨收入15億圓

高級女裝

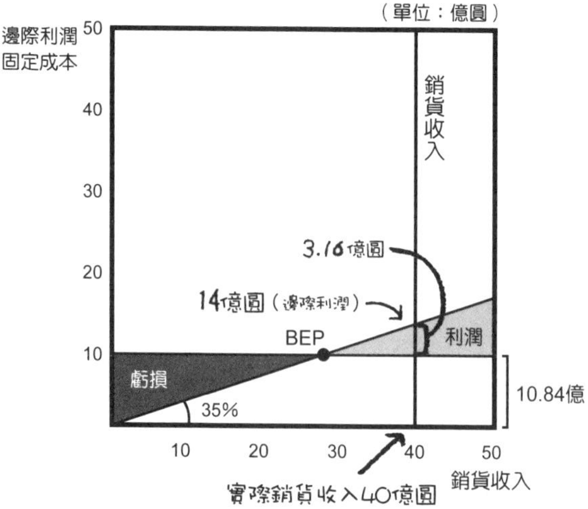
（單位：億圓）
邊際利潤
固定成本
50
40
30
20
10
銷貨收入
3.16億圓
14億圓（邊際利潤）
BEP
利潤
虧損
35%
10.84億
10
20
30
40
50
銷貨收入
實際銷貨收入40億圓

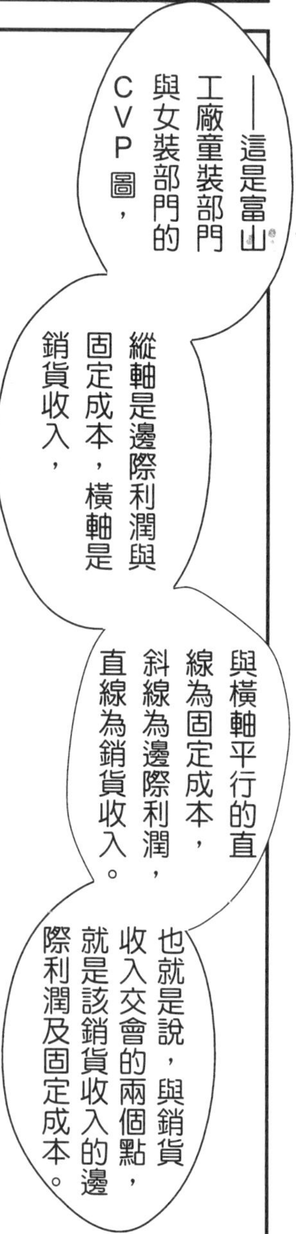
——這是富山工廠童裝部門與女裝部門的CVP圖，
縱軸是邊際利潤與固定成本，橫軸是銷貨收入，
與橫軸平行的直線為固定成本，斜線為邊際利潤，直線為銷貨收入。
也就是說，與銷貨收入交會的兩個點，就是該銷貨收入的邊際利潤及固定成本。

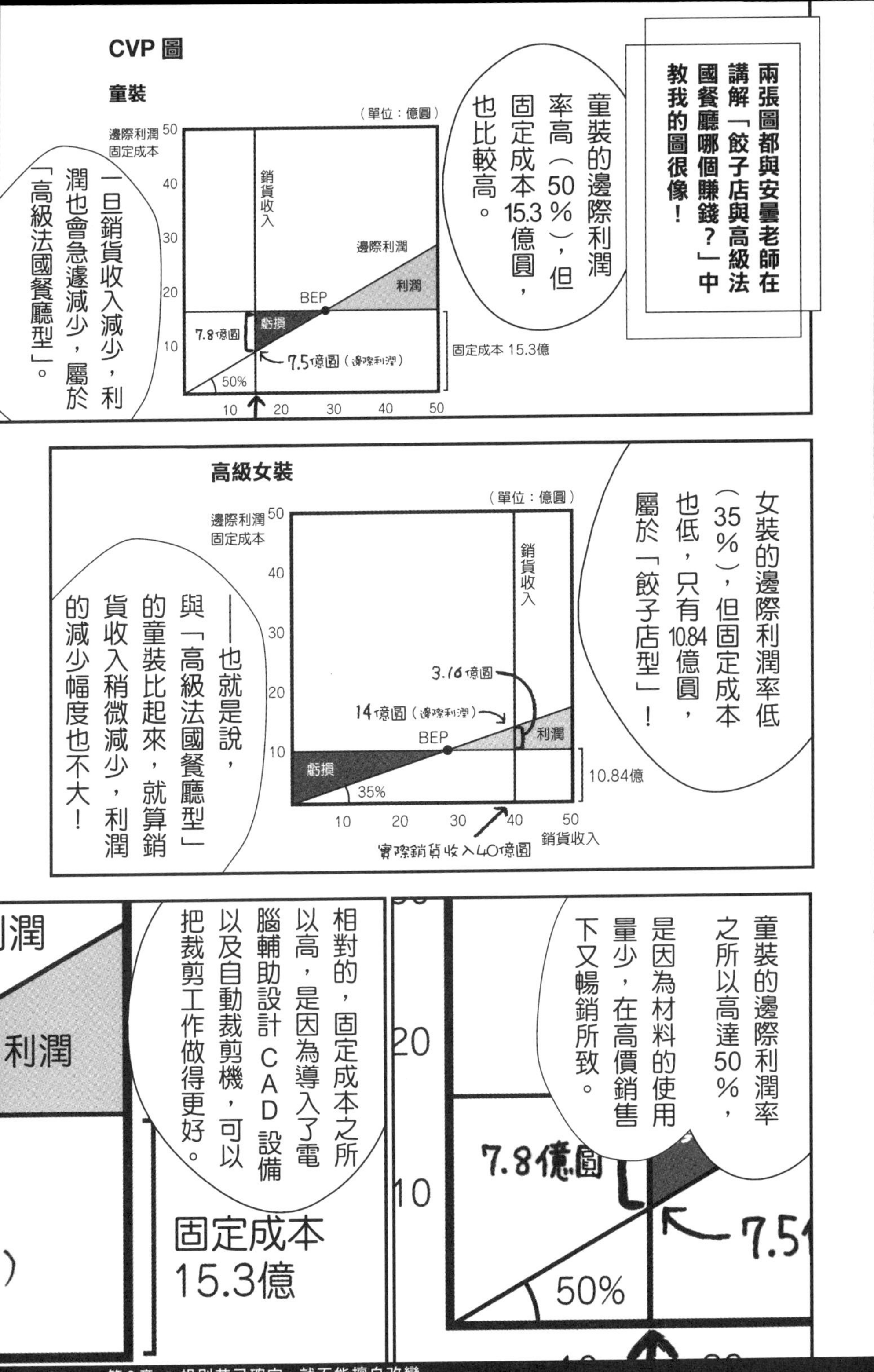
兩張圖都與安曇老師在講解「餃子店與高級法國餐廳哪個賺錢？」中教我的圖很像！
童裝的邊際利潤率高（50％），但固定成本15.3億圓，也比較高。
CVP圖
童裝
（單位：億圓）
邊際利潤
固定成本
銷貨收入
邊際利潤
利潤
BEP
虧損
7.8億圓
7.5億圓（邊際利潤）
固定成本 15.3億
50%
一旦銷貨收入減少，利潤也會急遽減少，屬於「高級法國餐廳型」。
女裝的邊際利潤率低（35％），但固定成本也低，只有10.84億圓，屬於「餃子店型」！
高級女裝
（單位：億圓）
邊際利潤
固定成本
銷貨收入
3.16億圓
14億圓（邊際利潤）
BEP
利潤
虧損
35%
10.84億
銷貨收入
實際銷貨收入40億圓
——也就是說，與「高級法國餐廳型」的童裝比起來，就算銷貨收入稍微減少，利潤的減少幅度也不大！
童裝之所以高達50％的邊際利潤率，是因為材料的使用量少，在高價銷售下又暢銷所致。
相對的，固定成本之所以高，是因為導入了電腦輔助設計CAD設備以及自動裁剪機，可以把裁剪工作做得更好。
利潤
固定成本
15.3億
7.8億圓
50%

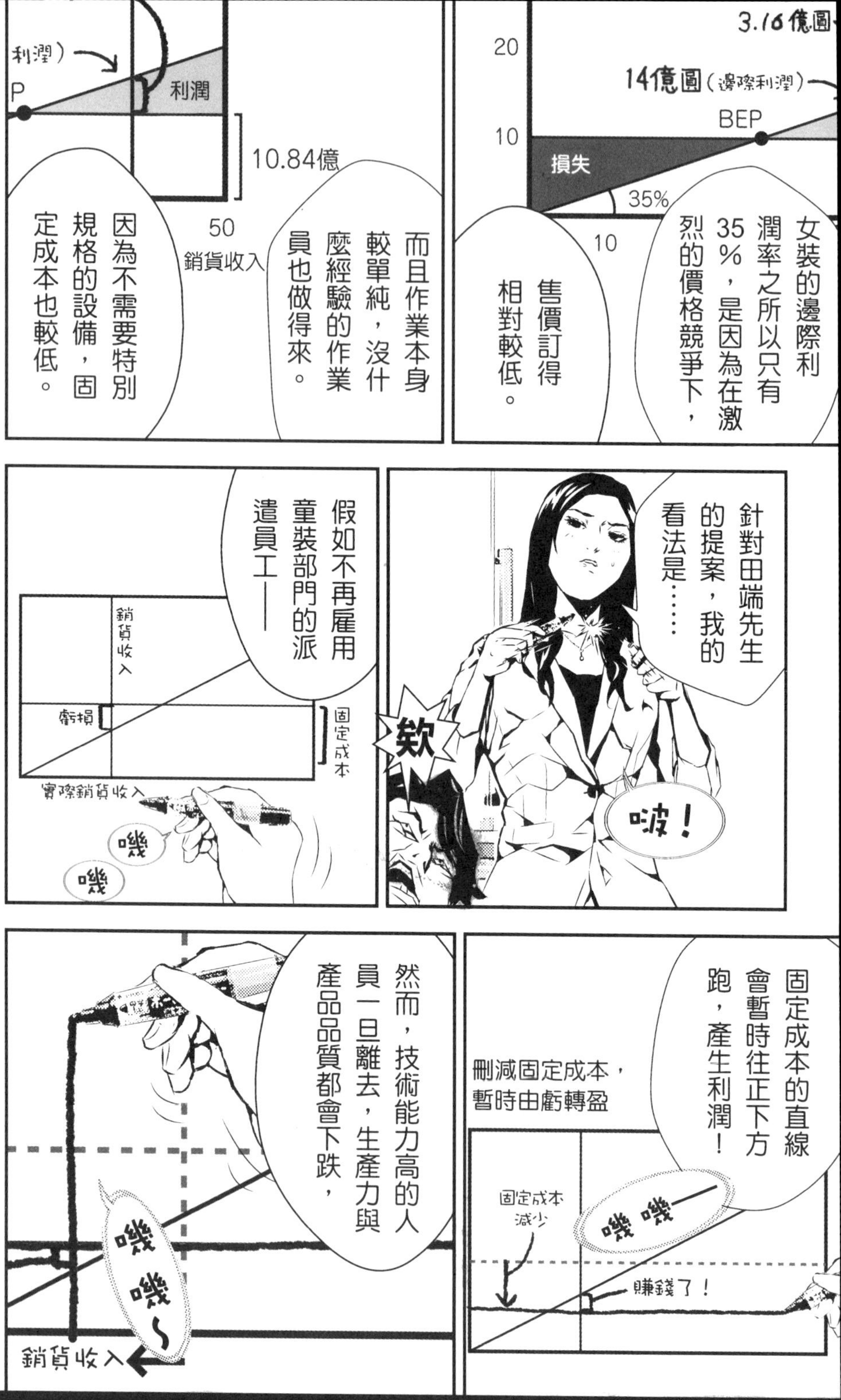

3.16億圓
20
14億圓（邊際利潤）
BEP
10
損失
35%
10
女裝的邊際利潤率之所以只有35%，是因為在激烈的價格競爭下，
售價訂得相對較低。
利潤）
P
利潤
10.84億
50
銷貨收入
而且作業本身較單純，沒什麼經驗的作業員也做得來。
因為不需要特別規格的設備，固定成本也較低。
針對田端先生的提案，我的看法是……
欸
啵！
假如不再雇用童裝部門的派遣員工——
銷貨收入
虧損
固定成本
實際銷貨收入
嘰
嘰
固定成本會暫時往正下方跑，產生利潤！
刪減固定成本，暫時由虧轉盈
固定成本減少
嘰嘰——
賺錢了！
然而，技術能力高的人員一旦離去，生產力與產品品質都會下跌，
嘰嘰～
銷貨收入

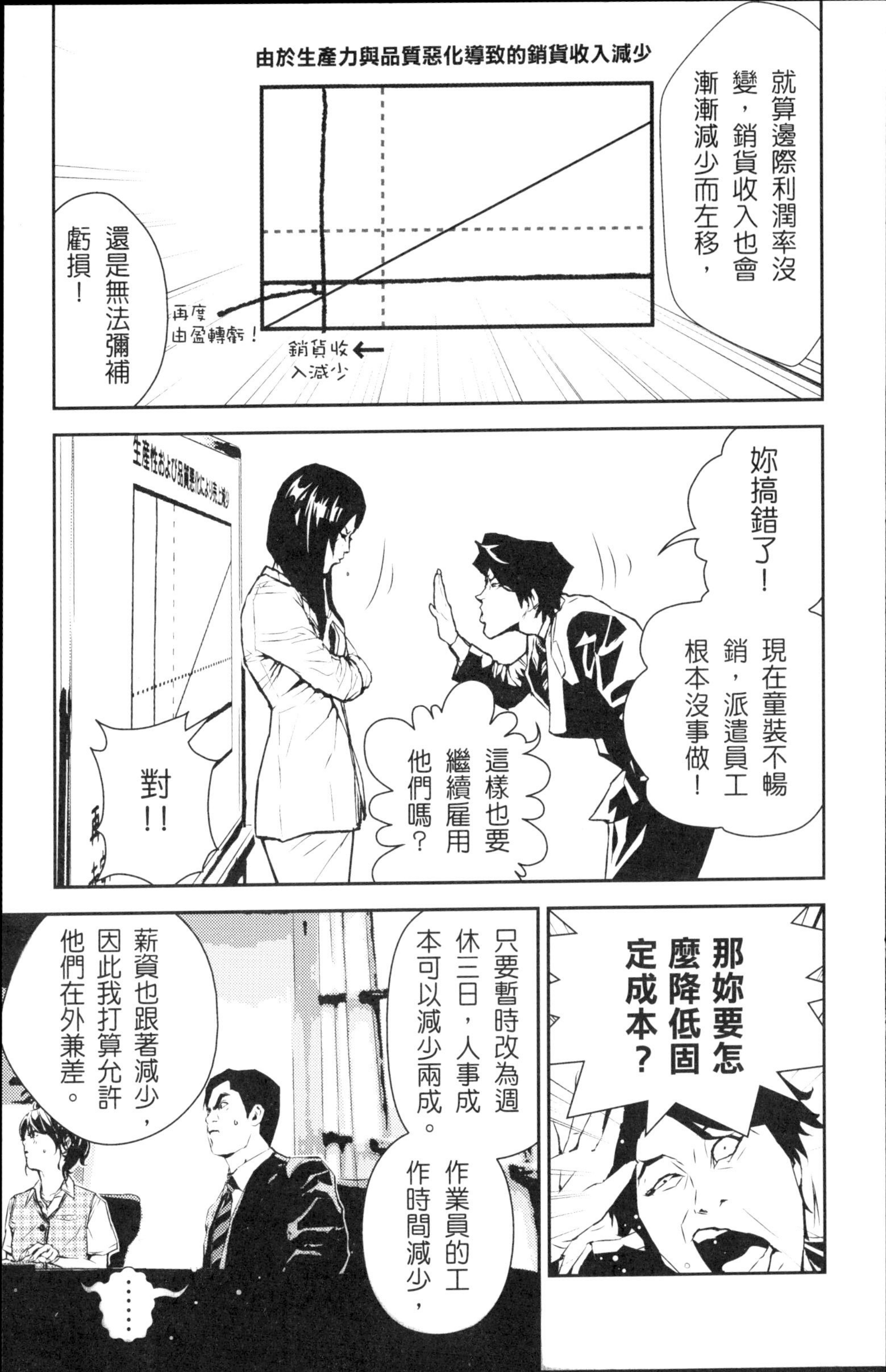
由於生產力與品質惡化導致的銷貨收入減少
就算邊際利潤率沒變，銷貨收入也會漸漸減少而左移，
還是無法彌補虧損！
再度由盈轉虧！
銷貨收入減少
妳搞錯了！
現在童裝不暢銷，派遣員工根本沒事做！
這樣也要繼續雇用他們嗎？
對！！
那妳要怎麼降低固定成本？
只要暫時改為週休三日，人事成本可以減少兩成。
作業員的工作時間減少，
薪資也跟著減少，因此我打算允許他們在外兼差。
……

我還要對全體員工實施教育訓練，好為景氣回升做準備！
這樣算下來，人事成本每年可減少1.5億圓。
「工作分擔」以降低實質工資是嗎？
假如這樣搞而不裁掉派遣員工，正職員工會生氣的！
好啦好啦
雖然這是社長採行的方針，他們也拿妳沒辦法。
——除了刪減固定成本外，還必須提高邊際利潤率才行！
比較能迅速見效的是刪減變動成本。

——林田先生，請你負責推動材料採購價格及外包單價的成本刪減。
點頭
還有，也別忘了要減少材料的浪費，
按
變動成本的刪減目標是10％以上。
按
按
等等！
以上妳所講的，人事成本減少1.5億圓，
材料費、外包費減少3億圓！

就算再加強預算管理、減少支出，也不過5億圓唷？
雖然可彌補虧損，但15億的債務還不夠10億啊!!
妳要怎麼辦？該不會說要提高銷貨收入吧？
是有方法能夠提高銷貨收入！
請給我幾個縫製生產線的作業員！
上班時穿Hanna的衣服，要讓人元氣十足，
下班時穿，要讓人心情放鬆、讓人忘卻工作！
業務主任　淺倉
為此，到底用了什麼材料、花了什麼工夫裁剪縫製，
我希望由作業員告訴直營店的店員!!

也讓我們部門的設計師到直營店吸收資訊如何?!
假如能把直接和顧客接觸、感受到的靈感化為產品，
想必能做出暢銷商品!!
設計部主任
寒河江
寒河江小姐如果願意，那就如虎添翼了！
林田先生呢？
……到直營店去的事，我覺得很好，
但還有一件事，富山工廠的工作分擔，
對象只限童裝部門嗎？

因為虧損的只有童裝部門……
我無法理解！
我不覺得童裝部門的業績有差到像木村小姐計算的那樣。
女裝部門怎麼會比它賺錢！
砰砰
只要到工廠看看，就知道不是這樣!!
木村小姐！麻煩妳說明一下，這張表是怎麼做出來的!!
是！是!!

品牌別損益表

各品牌的損益，是以銷貨收入減去材料費、外包費等變動成本，
再減掉製造部、業務部、會計部等部門的成本，也就是固定成本而計算出來的。
製造部門中，縫製部的成本依各品牌【直接歸入】
而採購部、裁剪部、生產管理部、總務部，
還有業務部、會計部等共通部門的成本——
則依照兩年前決定的比例，由各品牌分攤。
不是我指示的方法?!
雖然是共通部門，應該還是要盡可能依照品牌別直接歸入才對呀!!
使用長達兩年前的計算比例分攤，利潤會不精準!!!

直接歸入

直接累計各產品或部門的成本。

為何要改變計算方式?!
之前和田端室長商量過，他說，假如想精準計算各品牌的成本，
就失去月報表的意義了！
是田端室長指示，
要用兩年前評估的分攤比例計算？
月報表最重要的就是要快!!
我告訴木村小姐，可以先算好共通部門怎麼分攤！
真奈美小姐……我先前是和妳討論過，才決定各品牌要如何分攤共通部門的費用。
所以我一直很信任妳製作的會計資料……但妳怎麼悶不吭聲就改變算法了……
別責備她!!
是她覺得有疑問，想找出能認同的做法而已!!

那怎麼不來找我討論呢？
社長您很忙，每次我想問您的意見，您幾乎都外出……
雖然我在大學學過管理會計，但實務一竅不通，所以才問田端室長的意見。
由於省去這些作業，會計工作的負擔變輕，也不必加班了……！
我太忙了，變成有名無實的會計主任……
這兩年，我在忙的是ERP系統的導入——
以及停止出貨到零售店的一些後續事宜。

另外就是支援越南分公司那邊……
這段期間，總公司會計部等於全都交給真奈美負責。
真奈美雖然負責公司會計，卻不懂第一線的事！
她連會計數字扭曲了都不知道!!
HANNA
要好好讓她看看第一線!!
帶她到富山工廠去好了!!

第4章
從外面看什麼也看不到

東京都內的醫院
南田醫院
老師！
差不多該出院了吧？
你受這點小傷竟然住院兩星期……
哈哈哈！
反正VIP病房空著也是空著嘛！
不能這樣！
哪有病患會半夜溜出去喝酒的啊?!
洋介老弟！不，院長!!
就看在我和你死去的父親的交情上嘛！

在餐廳和你巧遇真是我的不幸，
和老師一起的那個女生，嚇到臉色都發白了！
你明明只受點小傷，竟然在我耳邊說「快帶我去你們醫院。」
才縫兩針而已耶！
別這麼講嘛，真的很痛耶!!
我是故意跌倒的，頭還撞到桌角……
那孩子現在正開始脫胎換骨，
我得讓她自己養成能夠不靠我給意見，就經營規模百億圓企業的能力。
假如我回家，就會被那女孩的母親逮到，拜託再讓我住一週吧！
啪

社長室

叩
叩
喀啦
社長！
打擾妳一下！
HANNA
咦？
請妳務必聽我說!!
雖然 Hanna 的品牌漸漸有了知名度，營收卻沒有起色！
癥結就在「**銷售力極度不足**」！
我找以前企管顧問公司的一個同事商量，
他建議我，可以**【購併】**自設直營店的服飾公司！
這是報告書！

購併（Mergers and Acquisitions，簡稱 M&A）

除了伴隨股份移轉的企業合併、收購、分割外，也有一種形態是不移轉股份，只技術合作、委外生產合作、銷售合作。購併手法包括股份讓渡、收受新股、股份交換、事業讓渡、合併、公司分割等等。

……
MMM公司
購併評估報告書
MMM公司?!
很有名耶!
MMM公司是一家股份大多由創辦人夫婦持有的【家族企業】!
他們沒有工廠，都是把自有品牌的產品委由協力公司生產，再於全國的直營店銷售。
MMM
沒有和Hanna的直營店競爭的店面

家族企業

由三人以下的股東，實質持有逾五成股份的企業。

請看看這個！
MMM公司財報
營收百億圓，無貸款!!
近十年以上無虧損，保留盈餘20億!!
而且有2億的現金與銀行存款，比Hanna還棒!!
這麼好的公司，只要10億圓就能買下來！
竊笑
等我從富山回來再討論好嗎？
啊！等等!!
有個人想請妳見一見!!

5分鐘後，我那個企管顧問朋友會來拜訪。
而且，我也找了文京銀行的高田先生來。
社長如果不在，可就不好了！
——沒和我商量，就安排會面?!
見他們做什麼?!
談購併啊！
要趁其他業者還沒出手前把MMM公司買下來!!
我可不記得自己找過企管顧問公司諮詢，也沒想過要購併！

Hanna 的資金調度很吃緊，現在不是擴大事業的時候!!
錯了！正因為吃緊才應該投資!!
等一下我那個企管顧問朋友會來報告調查結果。
而且，高田分行長對於提供融資的態度很積極唷！
叩
叩
啊，
請進！

喀啦……
文京銀行
高田分行長
企管顧問
新崎進二
不好意思
等一下我要去富山一趟，請你們長話短說吧！
企管顧問
新崎進二
矢吹由紀
新崎公司雖說是企管顧問公司，實際上也只是他個人經營的！
矢吹社長您應該已經聽說，MMM公司在設計師暨代言人品牌方面是一家先驅企業。
財務狀況也無可挑剔，是一家超優質企業。

它的【保留盈餘】有20億圓，若再考量到品牌價值，則再翻一倍成為40億圓！
這樣的公司只要10億圓就能買到!!
我該走了！我只問一個問題，
這麼有價值的公司，為何要用這種低於行情的低價出售？
創辦人松野董事長說──
「希望在公司一帆風順時金盆洗手，好好享受退休生活。」
「錢不重要，我希望有企業接手我創辦的公司！」
他本人沒有太多欲望!!
當場模仿起來了
……高田分行長的看法呢？

保留盈餘

從公司創辦到目前為止的稅後盈餘之累計。由於利潤會經由投資變成各種形態的資產，現金與存款未必會相當於利潤金額。

我只是因為田端先生找我來，我才來的……
一切都看社長怎麼決定！
還說什麼高田先生很積極要提供融資，是田端自己編出來的吧……!!
新崎先生，何時之前要回覆你？
不能讓MMM公司等太久吧!!
唔～
最晚兩星期吧？
聽說還有其他好幾家公司想買！
叩叩
社長！我們該走了!!
那麼，這星期內回覆可以嗎?!
急步
離開

關於融資，我想和妳談談……
是這次購併的事嗎？
不，是越南分公司的事
胡志明分行緊急通知我們一些事。
詳情等妳從富山回來再講吧……！

飛機裡

咦！都已經在煩惱貸款了，田端先生還希望我貸款購併公司。
轟
轟
公司？
轟
轟
刷
設計師暨代言人品牌的服飾公司！說什麼假如能活用他們的銷售網，
將可提高 Hanma 產品的營收，工廠也可以全力生產！
抽
而且，該公司明明價值40億圓，卻只要10億圓就能收購！
呼
所以他堅持應該買。
那妳會明確婉拒嗎？
可能吧！
但我也不禁覺得，假如買這家公司真的划算，搞不好其他銀行會願意借我們錢……
這樣也可以不必裁員……

文京銀行會貸款給我們進行購併嗎？
新崎先生說，假如有10億圓以上的【擔保價值】的話——
是哪家公司？
MMM公司……
欸？那麼好的公司為什麼要賣掉?!
這個是他們的損益表與資產負債表……
妳覺得如何？
銷貨收入99.8億圓，毛利35.8億圓，毛利率35.9％，Hanna的15％根本不能比!!
這是品牌力的差異！
MMM的產品價格，可以訂得比Hanna硬!!
MMM公司的損益表
科目
I 銷貨收入 9,980 100%
II 銷貨成本 6,400

擔保價值

暫時放在債權人（銀行）處做為債務（貸款）擔保的物品（不動產）的財產價值。

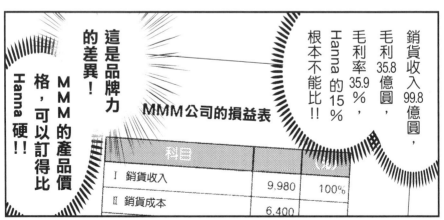

「管銷費用」包括業務部、直營店、物流倉庫、總公司管理處等單位發生的費用。

最顯眼的是，14億圓的人事成本①（薪資津貼及獎金）就占去銷貨毛利的39％。

次多的項目是「不動產租賃費用」的8.5億圓……也就是總公司或直營店的店面有一部分是租來的吧。

MMM 公司的損益表

（單位：百萬圓）

科目		（%）
Ⅰ 銷貨收入	9,980	100%
Ⅱ 銷貨成本	6,400	
銷貨毛利	3,580	35.9%
Ⅲ 管銷費用		
薪資津貼及獎金	①1,400	14%
促銷費用	500	5%
廣告宣傳費	200	2%
折舊費用	130	1%
不動產租賃費	850	8.5%
其他	200	2%
營業利益	300	3%
Ⅳ 業外收益		
1. 利息收入	2	
經常利益	302	3%
Ⅴ 特別損失		
1. 固定資產處分損失	140	
本期稅前淨利	162	2%
法人稅、居民稅及營業稅	68	
本期淨利	94	1%

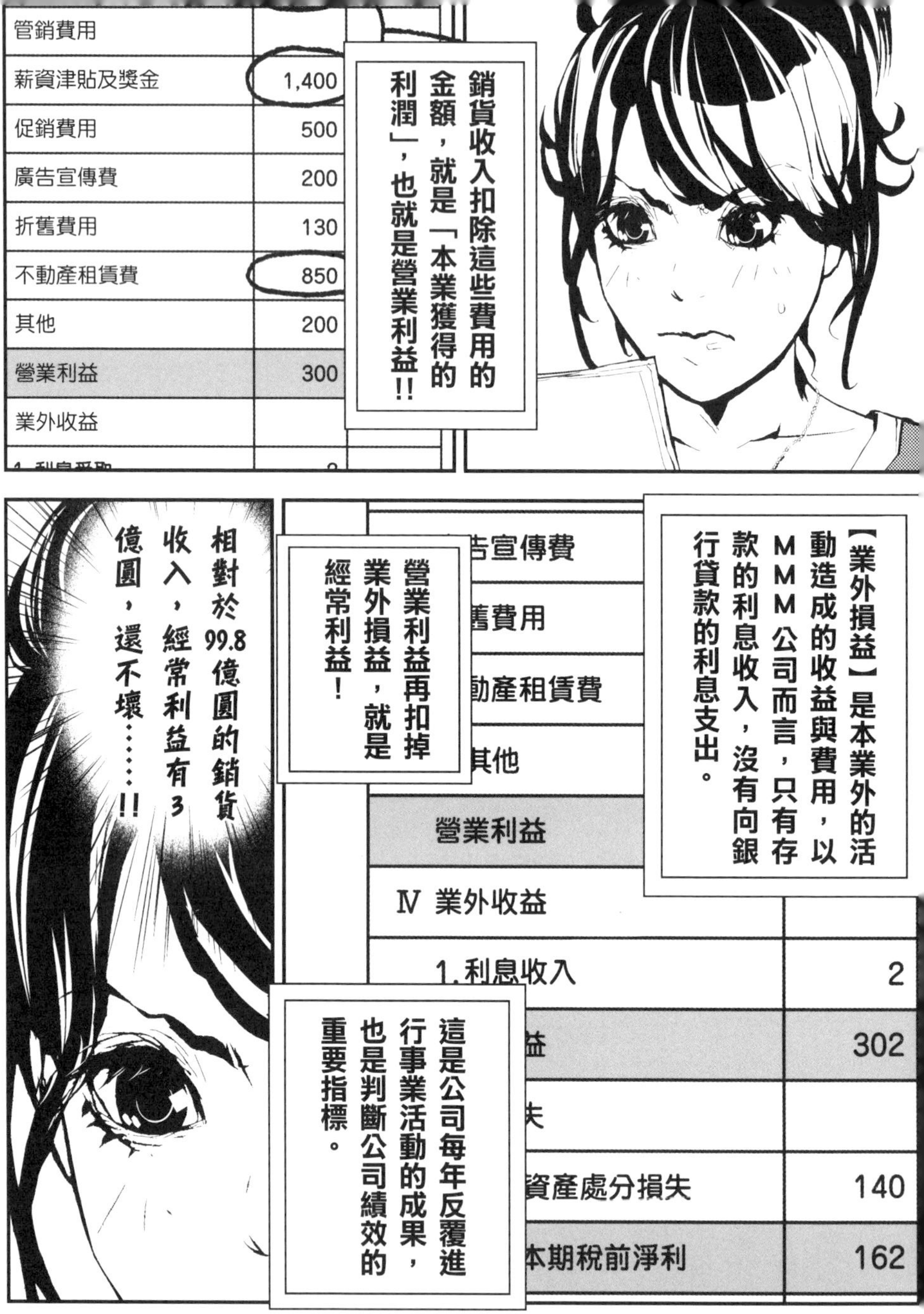
管銷費用
薪資津貼及獎金 1,400
促銷費用 500
廣告宣傳費 200
折舊費用 130
不動產租賃費 850
其他 200
營業利益 300
業外收益
銷貨收入扣除這些費用的金額，就是「本業獲得的利潤」，也就是營業利益!!
【業外損益】是本業外的活動造成的收益與費用，以MMM公司而言，只有存款的利息收入，沒有向銀行貸款的利息支出。
告宣傳費
舊費用
動產租賃費
其他
營業利益
Ⅳ 業外收益
1.利息收入 2
益 302
失
資產處分損失 140
本期稅前淨利 162
營業利益再扣掉業外損益，就是經常利益！
相對於99.8億圓的銷貨收入，經常利益有3億圓，還不壞……!!
這是公司每年反覆進行事業活動的成果，也是判斷公司績效的重要指標。

業外損益

營業活動（本業）以外的活動（像是投資）所產生的收益與費用。包括收受的利息收入等業外收益，以及利息支出、折扣費用、公司債利息支出、有價證券出售損失等業外支出。

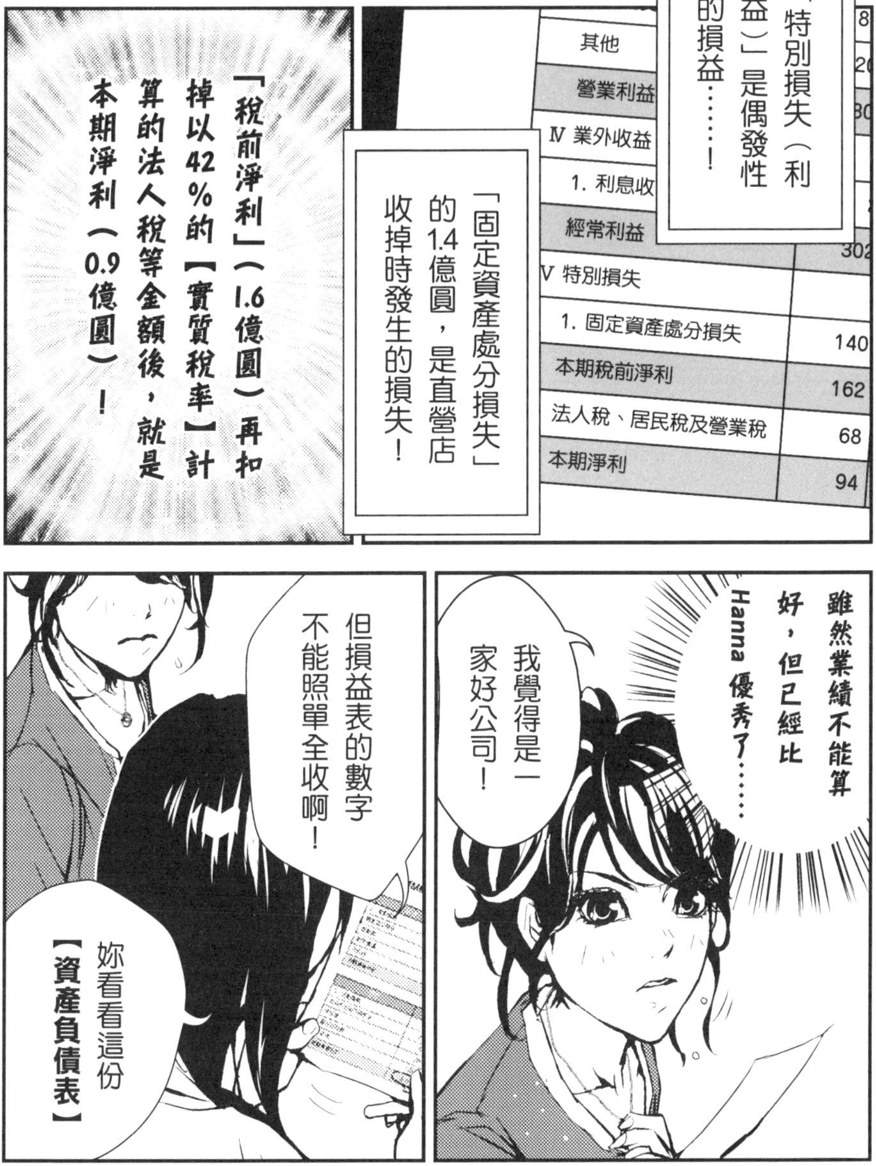
「特別損失（利益）」是偶發性的損益……！
其他
營業利益
Ⅳ 業外收益
1. 利息收
經常利益
302
Ⅴ 特別損失
1. 固定資產處分損失 140
本期稅前淨利 162
法人稅、居民稅及營業稅 68
本期淨利 94
「固定資產處分損失」的1.4億圓，是直營店收掉時發生的損失！
「稅前淨利」（1.6億圓）再扣掉以42%的【實質稅率】計算的法人稅等金額後，就是本期淨利（0.9億圓）！
雖然業績不能算好，但已經比Hanna優秀了……
我覺得是一家好公司！
但損益表的數字不能照單全收啊！
妳看看這份【資產負債表】

實質稅率

指稅金（法人稅、居民稅、營業稅）的總比例。在日本，資本在 1 億圓以下的公司，若設於東京 23 區內，實質稅率約為 42.05%。

資產負債表

即英文的 Balance Sheet。記載公司在某一時點（決算日）持有的資產、負債、淨資產。

呃……先計算總資產報酬率（ROA），總資產
是82億圓，銷貨收入99.8億，經常利益3億……
以82億的資產得到3億利潤，也就是ROA等於3.7%（經常利益3除以總資產82）對吧。

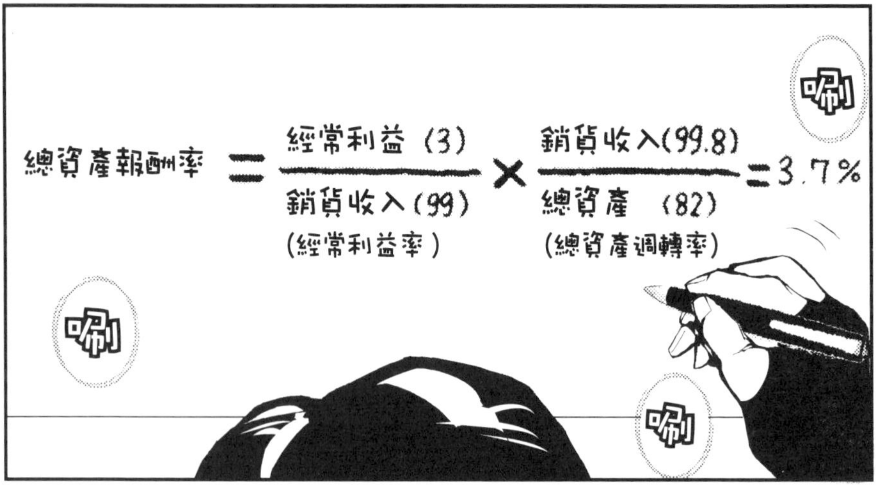
唰
總資產報酬率 ＝ 經常利益（3）／銷貨收入（99） × 銷貨收入（99.8）／總資產（82） ＝ 3.7%
（經常利益率）
（總資產週轉率）
唰
唰

由此可以逐步看出，MMM公司的銷貨收入有3%的經常利益，銷貨收入是投入於資產的資金（總資產）的1.2倍。
Hanna的銷貨收入是投入資金的75%，而且虧損……很明顯他們比較出色!!

接著是流動資產與流動負債——

MMM 公司的資產負債表

（單位：百萬圓）

科目	期末值	占比
Ⅰ　流動資產		
現金及存款	200	
應收帳款	1,500	
存貨	2,100	
其他	400	
流動資產總計	4,200	51%

流動資產是一年內可變現的資產（42億圓）。

科目	期末值	占比
Ⅱ　流動負債		
應付票據及帳款	2,000	
滯納金	500	
獎金準備金	200	
其他	1,000	
流動負債總計	3,700	45%

流動負債是一年內公司需償還的資金（37億圓）。

也就是說，差額（5億圓）就成為一年後的剩餘資金（現金）。

來算【流動比率】！

以前讀過的課本裡說，必須要有200%以上。

寫

$$流動比率 = \frac{流動資產\ (4{,}200)}{流動負債\ (3{,}700)} = 113.5\%$$

寫

113.5%

……可能有些低

流動比率

企業償還流動負債的償債能力指標，因此是觀察企業財務安全的指標。一般都以為要有 200%以上比較好，但這看法並不正確。

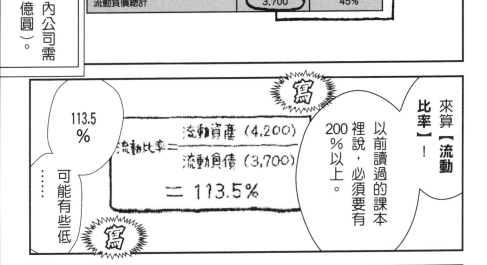

在固定資產的部分，除了房屋、土地外，支付給房東的押金與保證金，也都全額列計。

而且沒有借款，因此都是自己調度資金。

科目	期末值	占比
Ⅲ 固定資產		
房屋及建築	1,200	
器材設備	300	
土地	1,402	
累計折舊	△1,100	
有形固定資產總計	1,802	22%
押金及保證金	2,118	
其他	80	
投資等其他資產總計	2,198	27%
固定資產總計	4,000	49%
資產總計	8,200	100%

（房屋及建築 1,200、土地 1,402：自有建築與土地）
（押金及保證金 2,118：租賃建築）

由此可知MMM公司是採取在全國各地租賃店面的方式經營。

自有資本比率為29.3%，保留盈餘（累積盈餘）有20億，無可挑剔！

科目	期末值	占比
Ⅳ 固定負債		
1. 退休準備金	2,000	
其他	100	
固定負債總計	2,100	26%
負債總計	5,800	71%
Ⅴ 股東權益		
1. 股本	300	4%
2. 資本溢價	100	1%
3. 保留盈餘	2,000	24%
淨資產總計	2,400	29%
負債淨資產總計	8,200	100%

（保留盈餘 2,000：保留盈餘20億圓）
（29%：自有資本比率）

最後是固定負債與淨資產的部分，**【退休準備金】**有20億，針對員工退休也做了萬全準備。

$$\text{自有資本比率} = \frac{\text{自有資本(2400)}}{\text{總資本(8200)}} = 29.3\%$$

每一項都比Hanna出色！
資產負債表也沒有什麼特別要注意之處……
是這樣嗎？
欸？

退休準備金

公司為了支付員工的退休給付（退休金及退休年金等），根據會計準則提領的準備金。

由紀的疑問

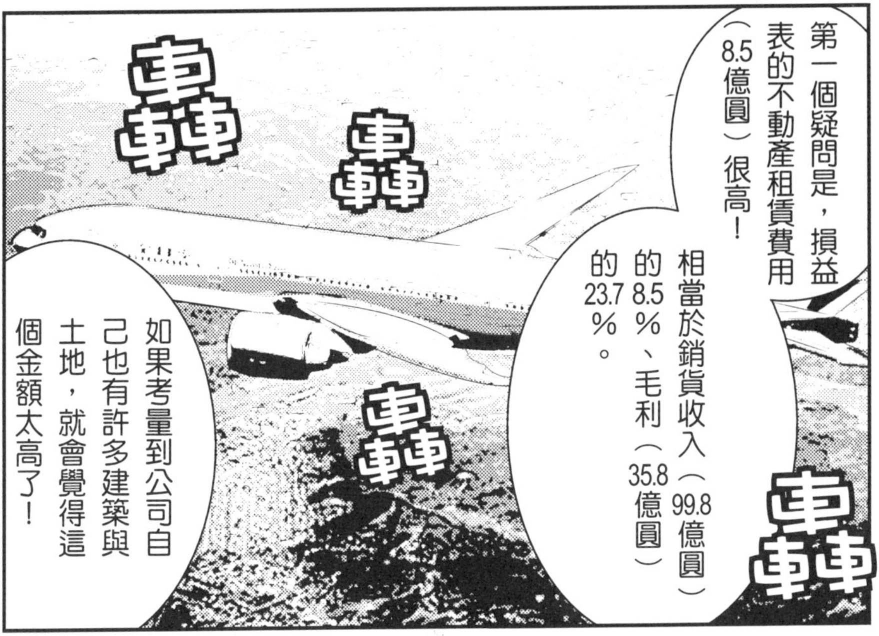

第一個疑問是，損益表的不動產租賃費用（8.5億圓）很高！
轟
轟
相當於銷貨收入（99.8億圓）的8.5％、毛利（35.8億圓）的23.7％。
轟
轟
如果考量到公司自己也有許多建築與土地，就會覺得這個金額太高了！

第二個疑問是，流動資產高於流動負債。
有沒有可能是累積了許多消化不掉的應收帳款或存貨等資產？
在流動資產扣除流動負債的5億圓營運資金中，假如混有滯銷產品或不良債權，
等於營運資金有一部分未能有效活用！

第三個疑問是，有高達35億圓的資金卡在土地（14億圓），以及押金與保證金（21億圓）上。
如果是建築，固然可透過折舊變現，
但化為土地或保證金的資金，就像南極的冰山一樣，長期間凍結在那裡，無法活用。
第四個疑問是，退休準備金（20億圓），以及包括在管銷費用裡的人事成本（薪資與獎金14億圓）之高，
這可以解讀為公司很重視員工，也可以解讀為工會很強勢。
問題在於，若是後面這種情形，搞不好老闆是因為勞資問題的爭議而感到厭煩，才想讓出經營權……？

第五個疑問是20億圓的保留盈餘（累積盈餘）！
保留盈餘固然是公司成立至今累積的利潤，但並不表示銀行裡就有這麼多存款。
抄
寫
記
與保留盈餘20億圓相對應的資產，搞不好是固定資產或存貨。
假如資產負債表中隱藏著滯銷產品或無法創造價值的固定資產，那就不是資產，而是損失！
20億圓的保留盈餘或許會在一瞬間化為烏有?!
最後的疑問是，企管顧問新崎進二並未附上【現金流量表】！
這樣沒辦法看出MMM公司的實際狀況!!
明天回東京後，請妳把今天談到的疑問整理好，交給田端先生與新崎先生過目可以嗎？
還有，也要向MMM公司要來上一期的財務報表，製作現金流量表。
點頭

現金流量表

現金流量表的意義、以現金流量表為主的經營、現金流量表的結構等等，請參閱《壽司幹嘛轉來轉去！財報快易通——夢想如何創造利潤，創業家、投資人不可不知的財務知識》第 64 至 77 頁。

我……
疑問1
疑問2
疑問3
疑問4
疑問5
疑問6
原來只看到表面而已啊……
嗯！
財報裡或許就有地雷埋著！
假如安曇老師在場的話，他會說：
「妳們兩個人都只看到表面！」

第5章
工廠裡埋藏著現金

富山工廠

……
……!
……
深呼吸
真奈美小姐很努力，
想製作出林田先生能夠認同的管理會計資料，
你就教教她工廠的事吧！
請……請多指教！
彼此彼此！
微笑
木村小姐，請妳看看工廠同仁工作的樣子吧!!

富山的居酒屋

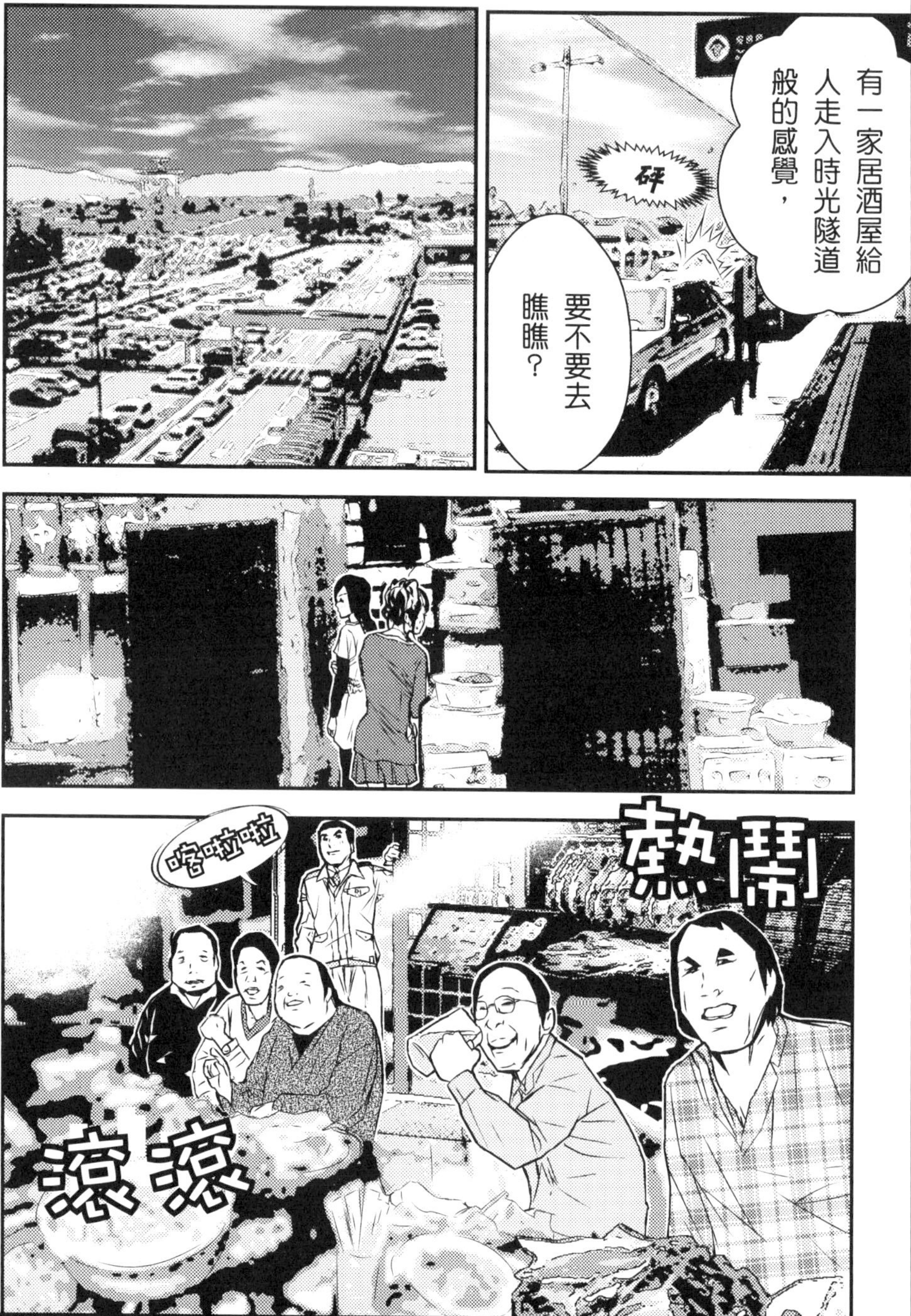
有一家居酒屋給人走入時光隧道般的感覺，
砰
要不要去瞧瞧？
喀啦啦
熱鬧
滾滾

啵 啵
這家店是，妳想吃什麼就幫妳烤什麼。
一開始先由我來點唷！
好的
——這家店沒有冰箱……
啪
真的很像走入時光隧道……
乾杯～～～!!
鏗

張口
好吃！
──我得向你們兩人道歉才是……
欸？
這兩年，我不該只是忙著到越南出差，或是和廠商開會，也應該做好社長及會計主任的工作……
我把事情都丟給你們，等到營收遽減才察覺到有這麼多無謂的浪費，
各品牌的損益也是我應該注意到的。
你們一定很不開心吧！
……
鞠躬

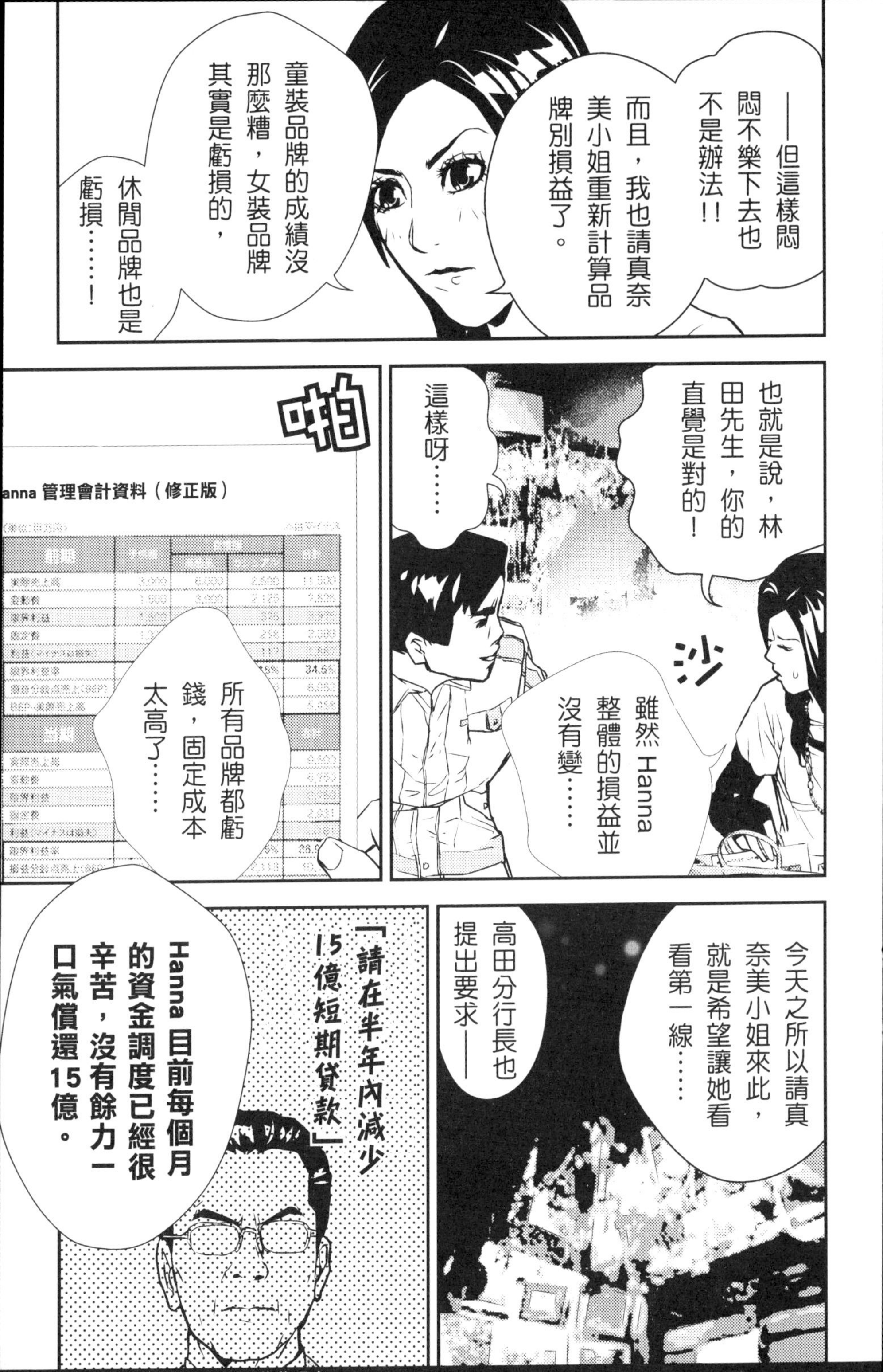
——但這樣悶悶不樂下去也不是辦法!!
而且，我也請真奈美小姐重新計算品牌別損益了。
童裝品牌的成績沒那麼糟，女裝品牌其實是虧損的，
休閒品牌也是虧損……!
也就是說，林田先生，你的直覺是對的！
這樣呀……
沙
雖然Hanna整體的損益並沒有變……
啪
anna 管理會計資料（修正版）
所有品牌都虧錢，固定成本太高了……
今天之所以請真奈美小姐來此，就是希望讓她看看第一線……
高田分行長也提出要求——
「請在半年內減少15億短期貸款」
Hanna目前每個月的資金調度已經很辛苦，沒有餘力一口氣償還15億。

但他無視於我的反應，只說「半年應該足以還清」……
假如期限前無法還清呢？
應該就是「遭斷銀根」吧。
要償還15億，意思是在期限之前得增加15億的利潤？
搖頭
搖頭
不光是利潤，還得增加15億的營業現金流量，否則不可能還得清！
哪……哪裡不一樣？
利潤雖然是營業現金流量的來源，但兩者並不相同。

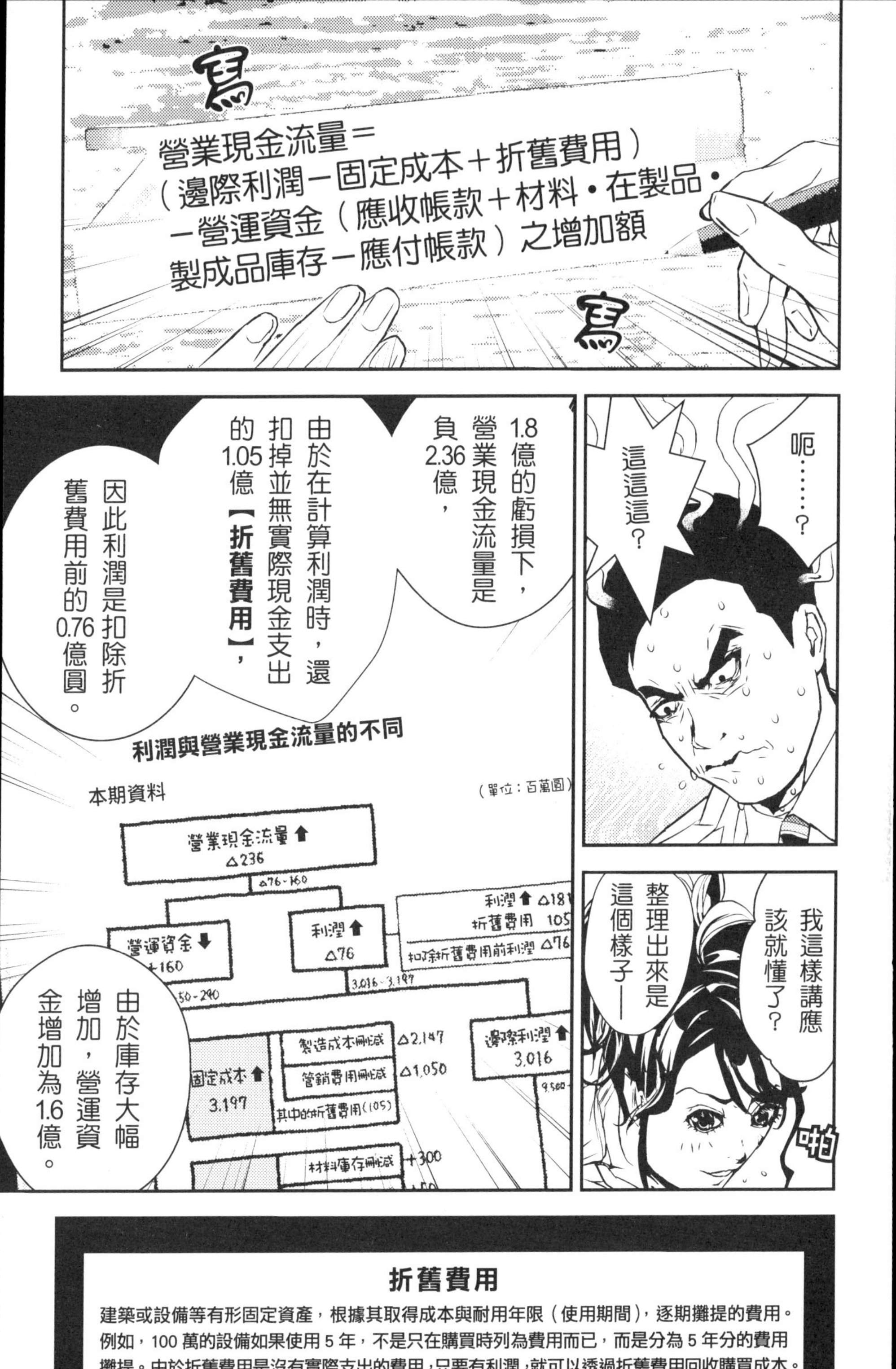

折舊費用

建築或設備等有形固定資產，根據其取得成本與耐用年限（使用期間），逐期攤提的費用。例如，100 萬的設備如果使用 5 年，不是只在購買時列為費用而已，而是分為 5 年分的費用攤提。由於折舊費用是沒有實際支出的費用，只要有利潤，就可以透過折舊費用回收購買成本。

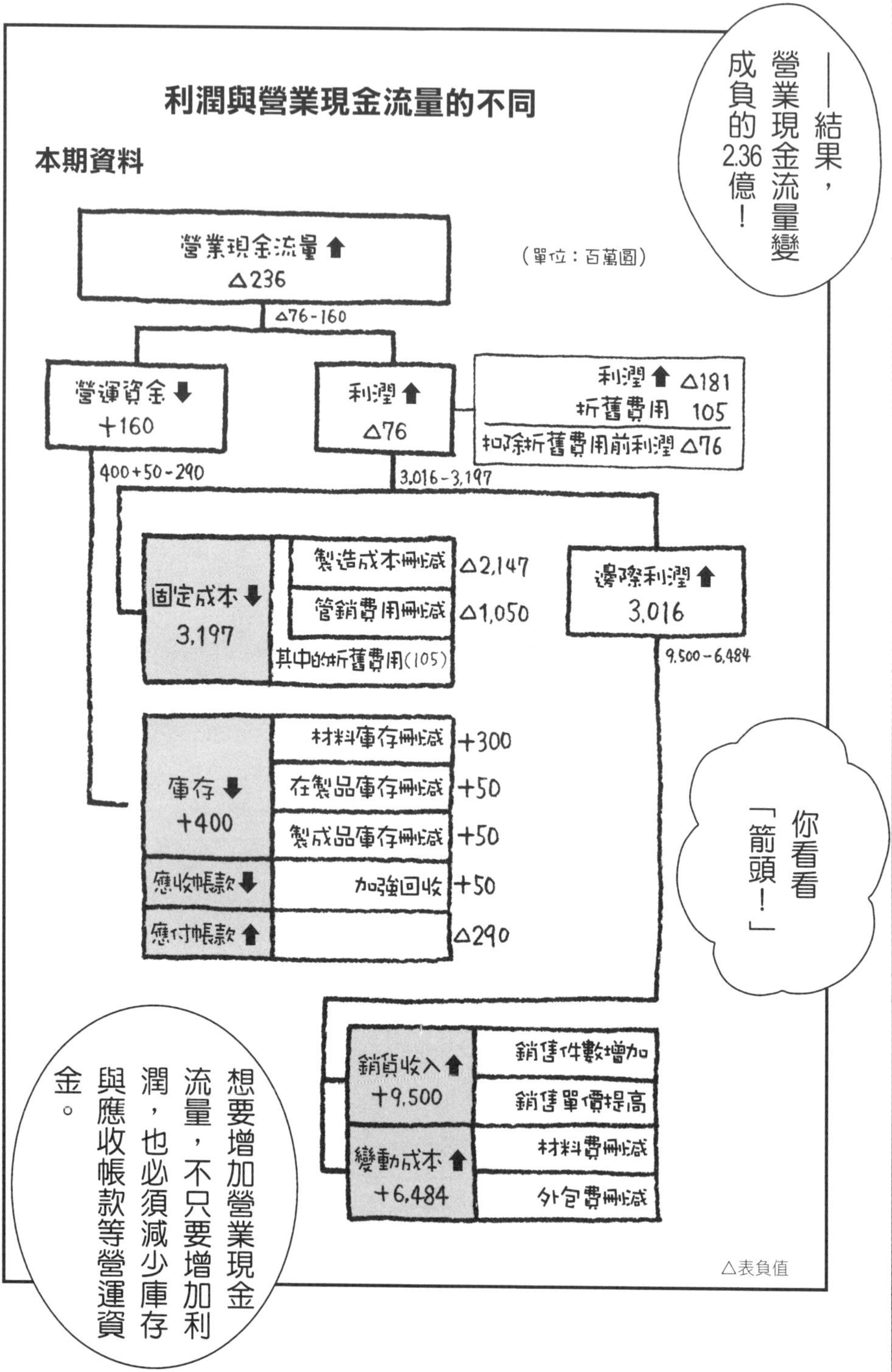

——結果，營業現金流量變成負的2.36億！
利潤與營業現金流量的不同
本期資料
(單位：百萬圓)
營業現金流量⬆
△236
△76-160
營運資金⬇
+160
利潤⬆
△76
利潤⬆ △181
折舊費用 105
扣除折舊費用前利潤 △76
400+50-290
3,016-3,197
固定成本⬇
3,197
製造成本刪減 △2,147
管銷費用刪減 △1,050
其中的折舊費用(105)
邊際利潤⬆
3,016
9,500-6,484
庫存⬇
+400
材料庫存刪減 +300
在製品庫存刪減 +50
製成品庫存刪減 +50
應收帳款⬇
加強回收 +50
應付帳款⬆
△290
你看看「箭頭！」
銷貨收入⬆
+9,500
銷售件數增加
銷售單價提高
變動成本⬆
+6,484
材料費刪減
外包費刪減
想要增加營業現金流量，不只要增加利潤，也必須減少庫存與應收帳款等營運資金。
△表負值

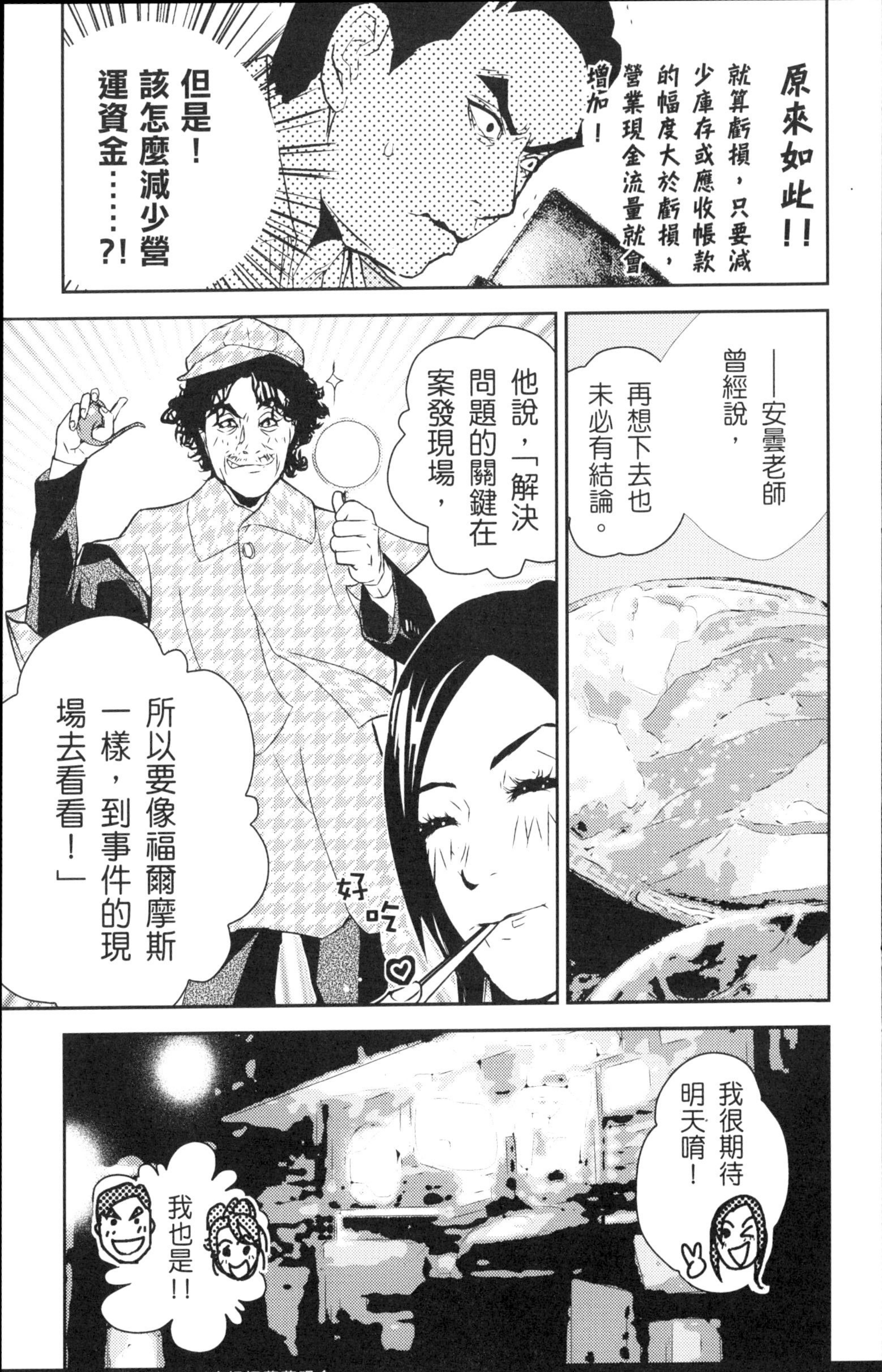
原來如此!!
就算虧損，只要減少庫存或應收帳款的幅度大於虧損，營業現金流量就會增加！
但是！該怎麼減少營運資金……?!
——安曇老師曾經說，
再想下去也未必有結論。
他說，「解決問題的關鍵在案發現場，
所以要像福爾摩斯一樣，到事件的現場去看看！」
好吃
我很期待明天唷！
我也是!!

早餐

嘩～
昨天的日本酒好好喝啊！
啾
啾
——早安！
土司和咖啡
不愧是真奈美小姐！
昨天那張圖表，似乎已經讓林田先生也了解到營業現金流量的重要性了呢！
等到達工廠後，再請林田先生幫忙說明作業流程吧!!
只要能從中找出籌措15億資金的線索，公司就可以不必倒!!

庫存有兩成是無謂浪費

HANNA
富山工廠這裡，
生產童裝與高級女裝。
作業分為裁剪、縫製、檢查。
會議室
三者又各分為多個子作業，
裁剪部門負責裁剪童裝與女裝的布料……
——也就是共通部門，
這裡的產能比縫製部門大，平均稼動率為三成左右。
縫製部門分為童裝與女裝兩條生產線，
各視為一個單位管理。

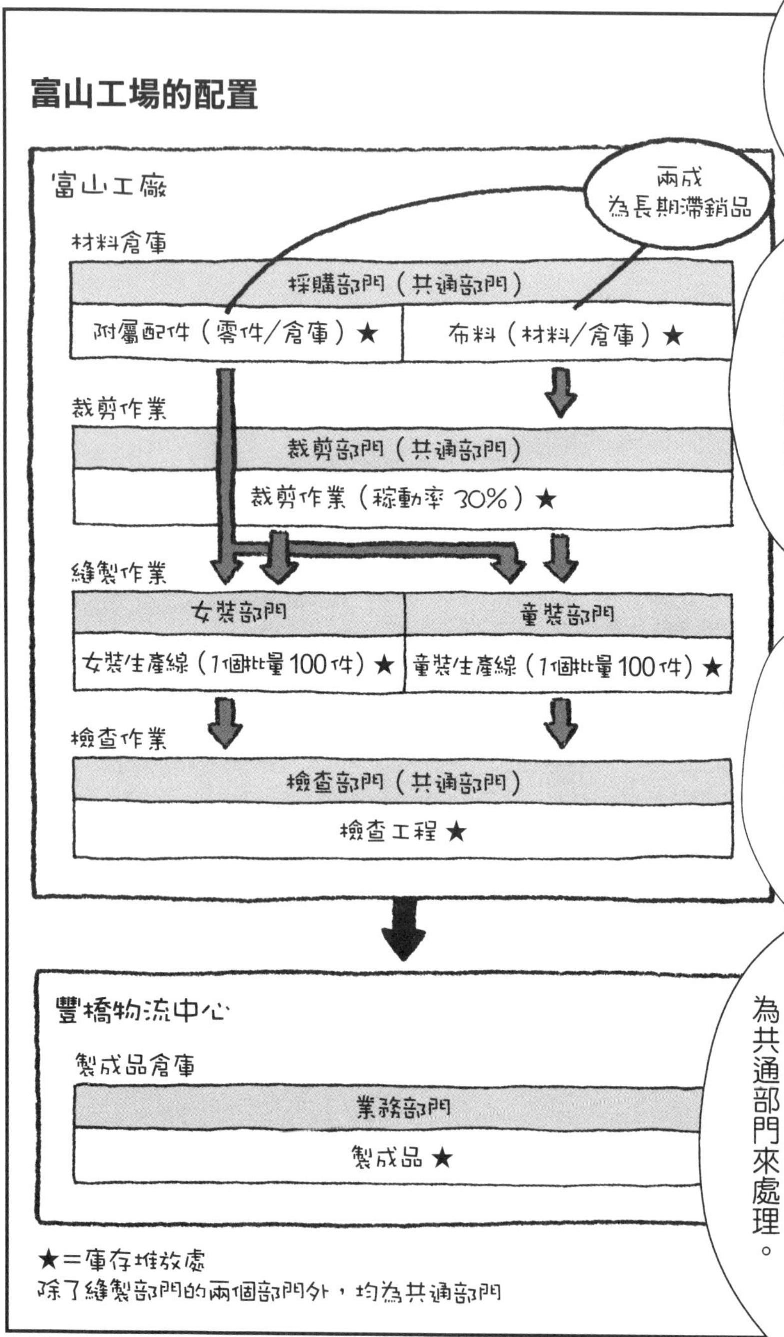
富山工場的配置
富山工廠
兩成
為長期滯銷品
材料倉庫
採購部門（共通部門）
附屬配件（零件／倉庫）★
布料（材料／倉庫）★
裁剪作業
裁剪部門（共通部門）
裁剪作業（稼動率 30%）★
縫製作業
女裝部門
童裝部門
女裝生產線（1個批量100件）★
童裝生產線（1個批量100件）★
檢查作業
檢查部門（共通部門）
檢查工程 ★
豐橋物流中心
製成品倉庫
業務部門
製成品 ★
★＝庫存堆放處
除了縫製部門的兩個部門外，均為共通部門

作業員最多的是裁剪部門。

童裝與女裝兩個單位各有作業員，並不互通有無。

檢查部門則同時檢查兩個品牌的品質。

也就是說，除了縫製作業外，都是兩個品牌共同作業，在會計上也視為共通部門來處理。

★的記號……不光是倉庫有存貨，連作業中也有嗎？
那些都是有庫存的地方。
不是只有倉庫裡有庫存，各個作業進行的部門也有！
檢查完畢的產品，就包裝好送到愛知縣豐橋的倉庫去。
那裡也保管從越南Hanna進貨的商品。
再根據業務部的指示，出貨到直營店與量販店。
那麼……
起貞
就來參觀一下工廠吧!!

參觀工廠

材料倉庫
看起來完全沒動過的布料，
很明顯會認為是裁剩的布料。
還有同一編號（種類）的布料散落各處……
配件倉庫
配件都是放在這裡……
唰

欸！
是電腦的下單系統有問題嗎？
——不小心採購太多了。
不！是因為負責採購的人沒把握。
一旦沒有材料就無法生產，因此就想多進一些庫存。
而且，一次大量採購，也可以因為折扣而比較便宜……
我已經要他不要採購太多不確定會不會用到的材料，
但他不聽我的話……

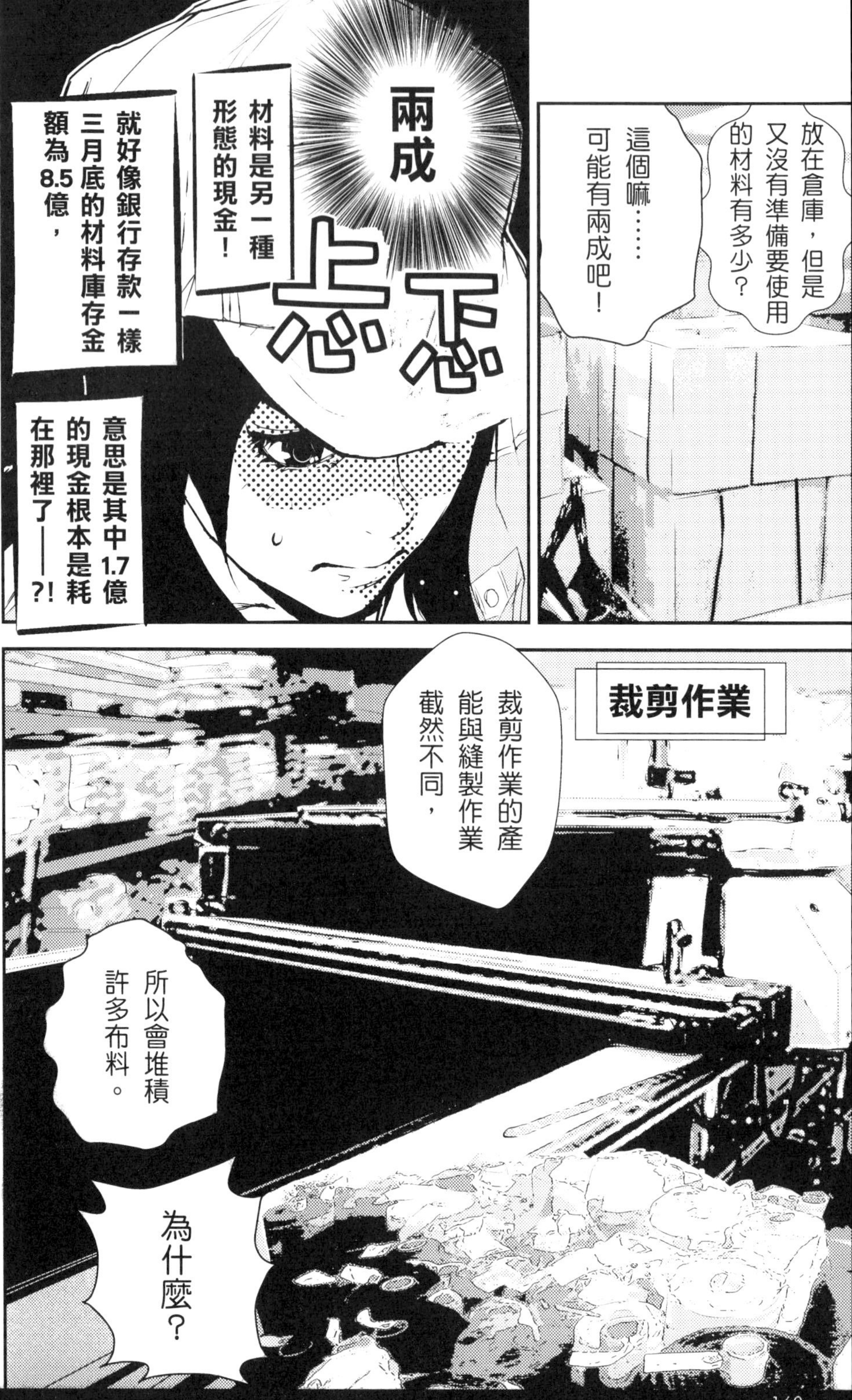

放在倉庫，但是又沒有準備要使用的材料有多少？
這個嘛……可能有兩成吧！
兩成
忐忑
材料是另一種形態的現金！
就好像銀行存款一樣三月底的材料庫存金額為8.5億，
意思是其中1.7億的現金根本是耗在那裡了——?!
裁剪作業
裁剪作業的產能與縫製作業截然不同，
所以會堆積許多布料。
為什麼？

因為裁剪的作業時間比縫製短。
例如，縫製一千件衣服得花8小時，
但裁剪只要2小時就完工，因此是各依自己的生產計畫作業。
拿裁好的布料做衣服，理當能消除在製品的堆積，
但實際看了現場狀況，似乎還有其他原因存在……
唔～
這是因為縫製作業花太多時間，
還有，裁的比要用的多也有影響！
裁剪部門的負責人也打馬虎眼嗎?!

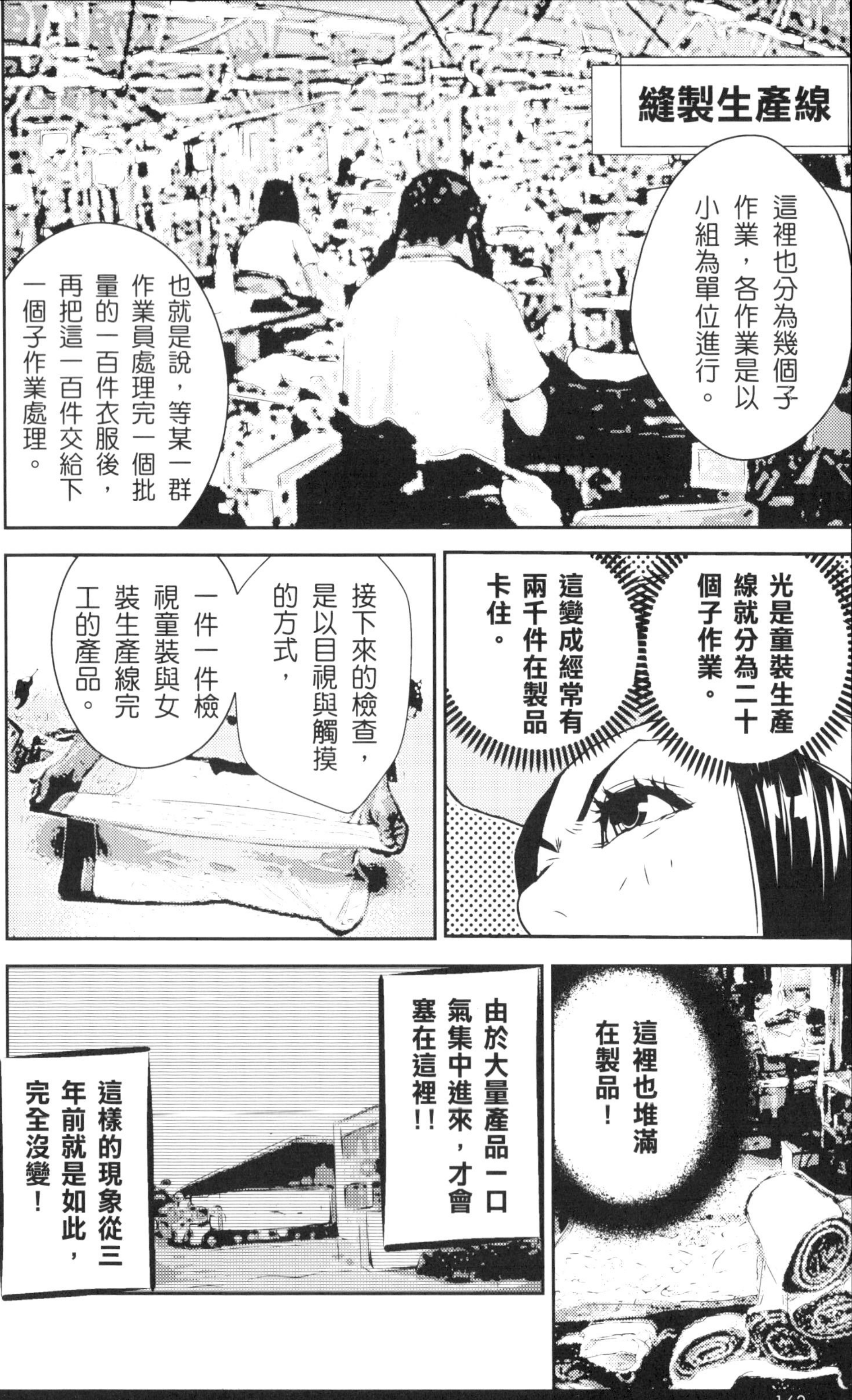
縫製生產線
這裡也分為幾個子作業，各作業是以小組為單位進行。
也就是說，等某一群作業員處理完一個批量的一百件衣服後，再把這一百件交給下一個子作業處理。
光是童裝生產線就分為二十個子作業。
這變成經常有兩千件在製品卡住。
接下來的檢查，是以目視與觸摸的方式，
一件一件檢視童裝與女裝生產線完工的產品。
這裡也堆滿在製品！
由於大量產品一口氣集中進來，才會塞在這裡!!
這樣的現象從三年前就是如此，完全沒變！

黑盒子

會議室
真奈美小姐，參觀過工廠後覺得如何？
正如之前社長講的，共通部門的費用假如採取【分攤計算】的方式，將無法得知正確的品牌別損益。
可是，重新製作的品牌別損益表，一樣無法看見工廠內部狀況！
我已經根據作業時間或裁剪數量正確分配好了……！
不是那個意思，我是指，就算費用計算得再精確，我們還是無從得知工廠內部的活動狀況！
——裁剪部門會檢查布料、拉布、裁剪等，
裁剪機並非一整天都在運作。

分攤計算

將各部門或各產品共同發生的費用，依照訂定的標準分攤。所採用的分攤標準，將會大幅左右計算結果。例如，生產金製品與鐵製品時，作業都完全相同。若以「材料費」做為分攤標準，那麼和鐵製品相比，金製品分攤的共同費用，就會比實際高。此外，若運用「活動」的概念分攤費用，將可讓成本的計算變得更形精緻。以前我曾講過，這樣的想法，叫做「ABC 成本制度」（Activity-Based Costing；作業基礎成本制），但 ABC 其實並非分攤，而是以直接歸入的方式計算出正確的生產成本、做好成本的管理，因此若說以「活動」做為分攤標準，其實不能算是精確說法。

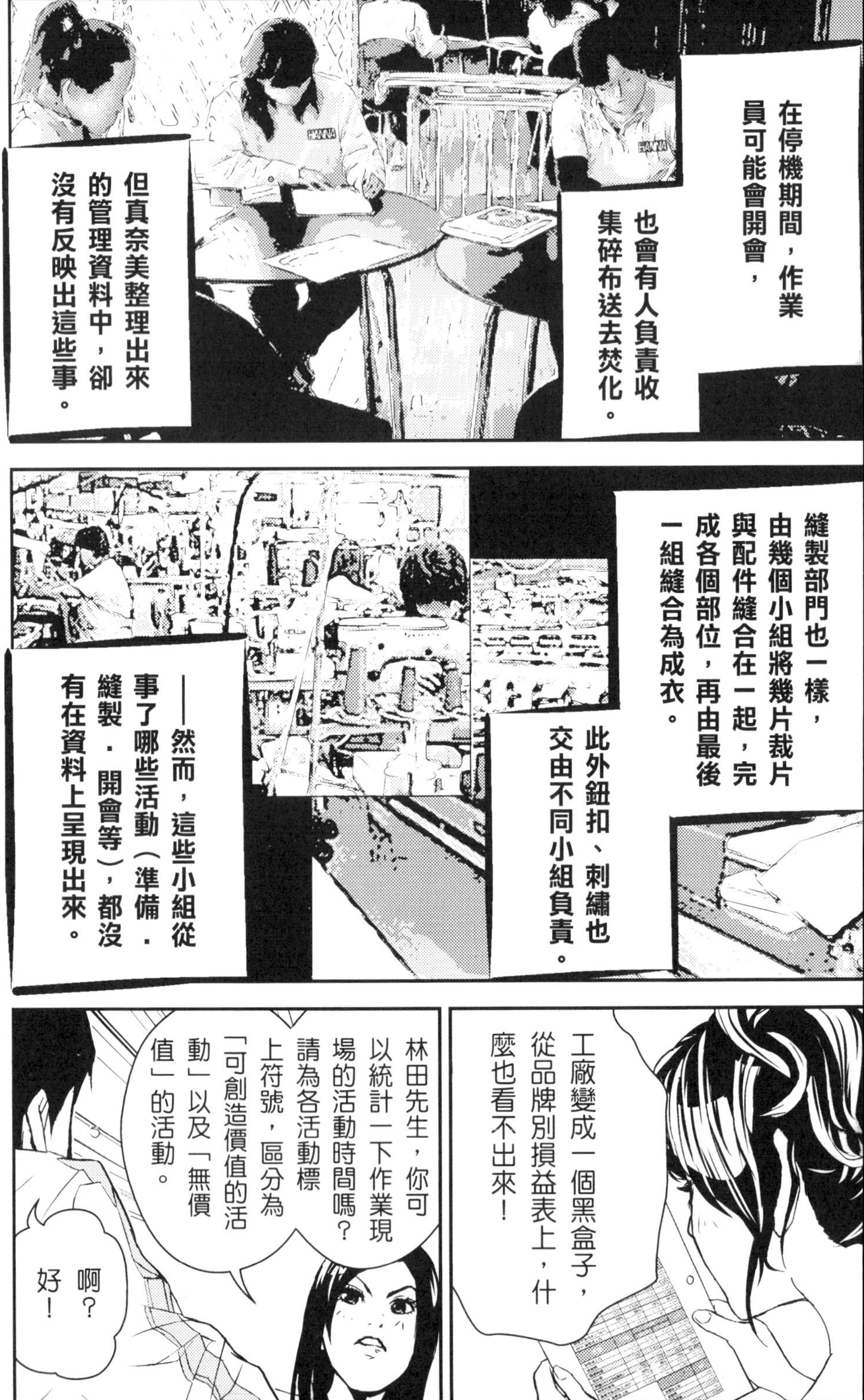
在停機期間，作業員可能會開會，
也會有人負責收集碎布送去焚化。
但真奈美整理出來的管理資料中，卻沒有反映出這些事。
縫製部門也一樣，由幾個小組將幾片裁片與配件縫合在一起，完成各個部位，再由最後一組縫合為成衣。
此外鈕扣、刺繡也交由不同小組負責。
——然而，這些小組從事了哪些活動（準備．縫製．開會等），都沒有在資料上呈現出來。
工廠變成一個黑盒子，從品牌別損益表上，什麼也看不出來！
林田先生，你可以統計一下作業現場的活動時間嗎？請為各活動標上符號，區分為「可創造價值的活動」以及「無價值」的活動。
啊？好！

在製品的叢林

我本來就知道材料庫存太多，但沒想到連在製品也那麼多……
從裁剪到完成檢查平均要花兩天，因此在製品庫存理當只有兩天份而已……
但三月底的在製品庫存卻是銷貨收入的33天份，
等於手裡捧著16倍的庫存量了。
搖
頭
上次盤點時，在製品庫存特別多。
欸？平常更少嗎?!
有些日子多、有些日子少，
每天各個部門都會在作業完成後統計在製品數量。
我現在就要他們拿資料來！
嘟嚕嚕嚕嚕
喀
妳們看過生產日報表後，應該就知道在製品庫存量是怎麼變化的了。
──久等了，
這是作業結束時的在製品統計資料。
富山工廠的在產品庫存

確實，每天的在製品數量都會起起伏伏的，
翻
而且3／31的數量特別多!!
也就是說，大量在製品像流入大河裡的水一樣，緩緩流進了富山工廠——
富山工廠在製品庫存
（單位：百萬圓）
存貨 3月31日
在製品 850
年銷貨收入 9,500
日銷貨收入(年/365) 26
庫存天數
在製品 33天
我懂了!!
「一間賺錢的工廠，
庫存會像風一樣吹過它的內部到另一頭去!!」
在工廠內流動的在製品，是「另一種形態的現金」！
——這麼說，工廠裡等於埋藏著大量的現金！
只要提高現金的流動速度，就能夠只仰賴比較少額的現金了!!只要把多餘的現金挖掘出來即可!!!

第6章
現金流量不會說謊

銀座的居酒屋

——田端！MMM公司的事，你們公司何時要簽約購併啊?!
3F
横丁
串燒
Menu
新崎，別這麼急嘛！
他們老闆松野先生一直催得很急啊!!
假如能在半年內完成簽約的話，他會付成交價格的5%當佣金。
他已經先講了，假如超過半年，這就不算數。
新崎還在企管顧問公司服務時，就一直和MMM公司維持很好的關係。
他自己出來創業後一年，松野直接來找他，說想把公司賣掉！
人聲鼎沸
對於虧損連連的新崎公司而言，這是天上掉下來的禮物啊!!

實地查核

購併時確認購併問題點的作業。詳細查核對方是否真有其價值，以及購併是否有風險存在。

越南料理店

chao
社長也會到這樣的店用餐吧？
這裡的東西比胡志明市的好吃唷！
到越南出差時，最大的樂趣就是鄉土料理——
我最喜歡古都「順化」的料理，在這裡也能吃得到！
先來個蒸米糕，再來個烤豬肉春捲，
然後還要豬肉蝦餅。
也幫我們上個啤酒吧！
今後也要繼續努力哦!!

——田端先生的提案，妳覺得如何？
……其實我已經找了徵信社，
調查過MMM公司了！
該公司在直營店銷售自己的品牌商品，
業績很好，資金周轉也完全沒問題，是一家很出色的公司。
在全國共有50家分店，年營業額有100億圓，平均每家店2億圓。
不過，有些店生意很好、有些不好。
而且，50家分店中有20家是自己持有店面，
有20家是在百貨公司設專櫃銷售。
剩下的10家店是租賃的獨棟店面。
MMM
——田端先生對這件事很熱心，說只要收購MMM公司，在他們的直營店賣Hanna的產品，
富山工廠與越南工廠的稼動率都會提高。

收購?很像他會有的想法!
社長當然婉拒了吧?
……
該不會……?!
慌
我就是要問你這件事,你為什麼反對收購MMM公司?
謠傳那家公司快倒了!!
真的嗎?!
但是從企管顧問的提案書來看,他們自成立以來從未虧損,沒有負債,還有20億的保留盈餘!
驚!
是哪來的傳言?
業務主任淺倉講的!
!

毒包子看起來很好吃

頭髮蓬亂
嘻
哎呀，真沒想到會在這裡碰到你們……
噢！有烤豬肉春捲耶！
吞
我很擔心您……
不過……
您似乎沒事了！
吸鼻子
不好意思！
還是老實告訴她那天在餐廳的實際狀況，以及窩在醫院兩星期的原因吧……
嚼

——老師請不用這麼見外……
我來介紹！這是我的部下林田先生與木村小姐。
我應該和林田老弟碰過一次面吧！
這位應該就是小姐妳大加稱讚的會計課長吧？
鞠躬
chao

——唔，原來如此，收購MMM公司是吧……
這根本是「毒包子看起來很好吃」！
「毒」？
噢！你來啦！
今天我要和他們一起用餐。
職位很高
那個胖胖的男子是高田的上司嗬！
文京銀行高田分行長的主管？
他可是我不成材的學生呢！
失陪……
對了，我以前也問過他「何謂利潤」？
但遺憾的是，他沒能給我很好的答案！
……

北青山的獨棟店面

!!
久等了！林田呢？
因為有老客戶客訴，他沒辦法來了！
這樣呀！
246
MMM
請問有特別想找的衣服嗎？
沒…沒有，我只是路過看看……

請問這家店的店員只有妳一個嗎？
是。
這裡開很久了嗎？
這…我不清楚。
她不是派遣員工就是打工的
這樣寬敞的空間，陳列的衣服卻不是很多……
明明應該是很好的地點，卻沒什麼客人。
而且店裡的粉刷有不少地方已經褪色。

林田先生講的或許是對的……
我也這麼覺得。
要是那家店不是租的，那可就累人了！
——外觀看來，那家店有十年了吧！
明明生意不好，為何不解約?!
妳說的對!!
回去問問業務部的淺倉先生吧!!
躂
躂
躂
躂

Hanna總公司
我們去看過北青山的MMM公司直營店了！
比想像中還要冷清呢。
是啊！
外面一直在傳，MMM公司的獨棟店面，
經營狀況不佳。
業務主任 淺倉
我記得50家直營店中，有10家是獨棟店面嘛！
沒錯！它們全都是同樣的設計，
根本是一個模子刻的!!
意思是，房子的設計師是同一人嗎？
第一家店就是妳們去的**北青山店**。
當時頗受歡迎，還上了報紙的週日版。之後在兩年內，
就在澀谷、原宿、札幌、大阪的心齋橋、名古屋的榮等地增加到10家店。

我這樣講可能有點毒，但那樣的設計，
看起來很像泡沫經濟期的產物吧？
就是那樣才讓人覺得膩吧！
聽說大概從兩年前左右開始，就突然沒什麼人上門了。
這樣還繼續開下去？
不知道是不是因為是租的？
MMM公司的松野社長很摳門，
租店面時聽說都會徹底殺低房租。
令人佩服！
就算收購該公司，店面內外的裝潢都得更換才行。
不然沒辦法把Hanna品牌的產品也陳列在一起。

社長妳打算收購嗎?!
不要誤會!我只是想假如收購的話
他們公司除了獨棟店面外，都經營得都很不錯!
購併如果順利，只要把那幾家獨棟店面收掉就行了!
而且他們公司的設計師很出色，優質的協力廠商也愈來愈多，
銷售網很廣哩!!
Hanna是以關東為中心，MMM公司則在所有人口超過50萬的都市都設有直營店，
Hanna可以一口氣重拾元氣!!
…
——銷售量增加固然吸引人，
但我要多考慮一下再決定要不要購併!
就算我決定收購，銀行不肯融資的話，那也談不成。

產品種類增加不利於經營

還有！
關於產品的品項……
過去我們曾兩次大膽縮小範圍到幾種產品，
最近品項又漸漸變多。
從以往的經驗得知，產品種類的增加對於經營會有負面影響。
第1
庫存增加
庫存是另一種形態的現金，因此會影響資金調度。
第2
生產的產品種類較多，切換生產的頻率就會變高
切換期間，縫製作業的閒置時間就會拉長。
第3
可能會導致暢銷商品不足，經常錯失銷售機會
所以我希望再次縮小產品的品項！

這樣啊！業務員都很想衝高銷售量，因此覺得產品種類多一點比較好。
為了避免商品因暢銷斷貨，也希望多保留一點庫存……
而且，田端室長也說，避免錯失銷售機會是幹部的職責……
你搞錯了！我的意思不是不要提高銷售。
假如從公司整體的角度來看，生產太多想碰運氣看看能否暢銷的產品，實在不對！
若能集中資源在暢銷產品上，整體庫存可以減少，資金調度理當也會變得輕鬆!!
我知道Hanna的庫存很多，
但假如鋪貨到MMM公司的直營店去，
時間到了!!
就算不勉強減少產品種類，庫存也會馬上賣光！
我還是覺得應該談談購併！
啊！抱歉，我和客戶有約，先失陪了!!
喀啦

利潤與現金流量不搭軋

砰……
……
……
—假如資金有著落，社長打算收購MMM公司嗎？
搖頭
我沒有這樣的預設立場……
真奈美小姐很擔心嗎？
秀出……
!
我試著製作了MMM公司的現金流量表！
MMM公司的現金流量表
△表負值
(單位：百萬圓)
科目
期末值
I 營業活動現金流量
本期淨利
折舊費用
應收債權增減值（增加：△）
存貨增減值（增加：△）
債務增減值（減少：△）
106
100
△50
△240
50
△20
△54
我們已看過損益表和資產負債表，
雖然看到幾個令人在意的點，但還沒到足以否定購併的地步。
不過，只怕還埋著「地雷」，因此我要木村製作「現金流量表」。

利潤與現金流量不搭軋

MMM公司的現金流量表

（單位：百萬圓）　　　　△表負值

科目	期末值
Ⅰ 營業活動現金流量	
本期淨利	106
折舊費用	100
應收債權增減值（增加：△）	△50
存貨增減值（增加：△）	△240
應付債務增減值（減少：△）	50
其他	△20
營業活動現金流量	△54
Ⅱ 投資活動現金流量	
取得有形固定資產之支出	△80
保證金支出	△150
保證金回收之收入	50
處分有價證券收入	50
投資活動現金流量	△130
Ⅲ 財務活動現金流量	
配息支出	△50
財務活動現金流量	△50
Ⅳ 現金及約當現金增減額	△234
Ⅴ 現金及約當現金期初餘額	434
Ⅵ 現金及約當現金期末餘額	200

本期淨利明明有1.06億，營業現金流量卻是負5千4百萬！

也就是說，這一年的生意做下來，現金反而減少了……原因大概是庫存增加吧！

是冬裝滯銷呢，還是因為春裝、夏裝準備太多？

無論實際原因為何，營業現金流量為負數，確實很嚴重！

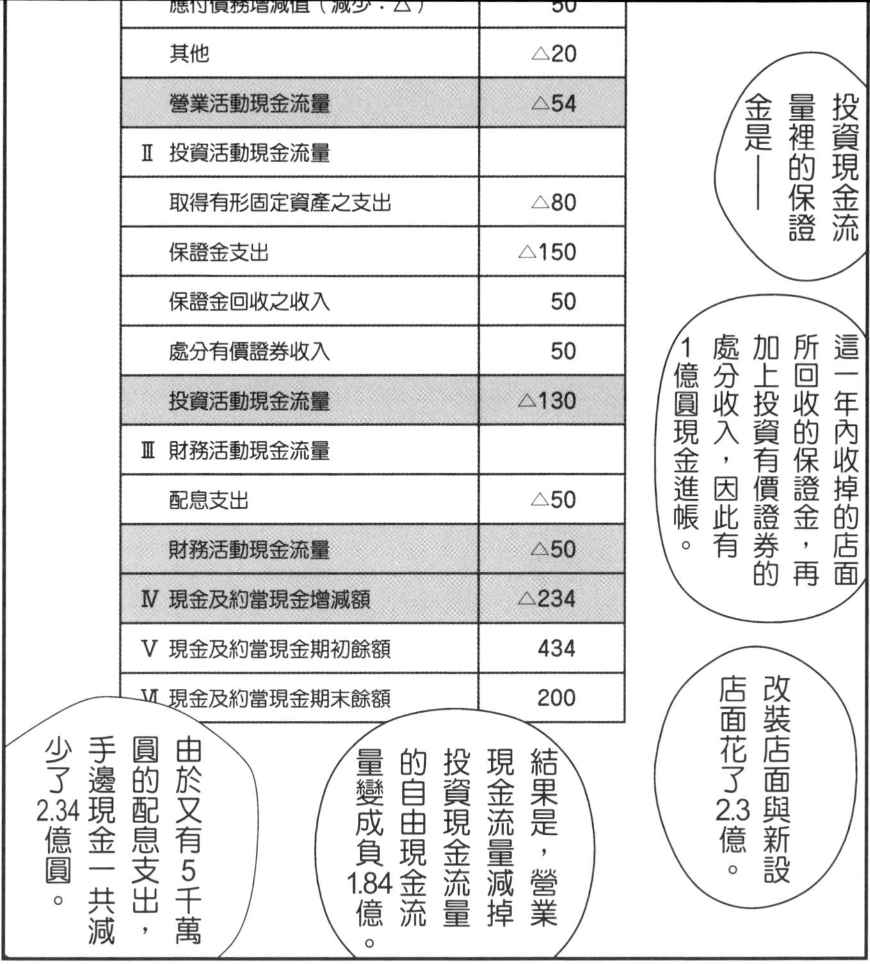

應付債務增減值（減少：△）	50
其他	△20
營業活動現金流量	△54
Ⅱ 投資活動現金流量	
取得有形固定資產之支出	△80
保證金支出	△150
保證金回收之收入	50
處分有價證券收入	50
投資活動現金流量	△130
Ⅲ 財務活動現金流量	
配息支出	△50
財務活動現金流量	△50
Ⅳ 現金及約當現金增減額	△234
Ⅴ 現金及約當現金期初餘額	434
Ⅵ 現金及約當現金期末餘額	200

投資現金流量裡的保證金是——
這一年內收掉的店面所回收的保證金，再加上投資有價證券的處分收入，因此有1億圓現金進帳。
改裝店面與新設店面花了2.3億。
結果是，營業現金流量減掉投資現金流量的自由現金流量變成負1.84億。
由於又有5千萬圓的配息支出，手邊現金一共減少了2.34億圓。

MMM公司很可能不如外觀看起來那樣風光，而是經營得非常辛苦！！
妳的看法是？
雖然賺錢也無債務，營業現金流量卻是負的！
我覺得，開設新店面，該不會是為了維持營收，才不得不一直開店吧？
自由現金流量已為負值，也應該要暫緩配息才對！

和看損益表與資產負債表時的印象截然不同！
這背後一定有什麼問題！！
問題?!
……這只是我的想像，松野急於出售持股，是否有別的原因……？
例如，「就算以10億賣掉股份，也沒有損失」？
我的想法也一樣！
毫無疑問，MMM公司的財報當中，
一定隱藏著什麼祕密!!!
HANNA

第7章
會計是魔術師

文京銀行 上午十點
文京銀行
……
今天有何貴幹?
高田分行長
想來談談MMM公司收購資金的事!
……
矢吹里美
關於那個案子,我們已向對方總公司洽詢,目前尚無回音。
我們無法取得它的財務資訊!
——這家公司成立以來沒有貸款過,也和銀行之間沒有往來。
根據傳聞,他們社長不喜歡存款,因此雖然公司頗有規模,存款還是不多。

基於這樣的原因，我們查不到MMM公司的財務狀況！
就算委由調查公司處理，對方也防得很嚴，查不到什麼。
雖然國稅局那應該會有他們的財報，但當然不可能提供給我們！
能仰賴的只有田端先生提供的，來自企管顧問的報告了。
但新崎先生又不肯交代資料來源！
那樣的東西沒有可信度，我們甚感困擾……
那是新崎拿數位相機拍下MMM公司社長拿給他看的財報，所製作的。
他那裡還有影像檔案！
是瞞著社長偷偷拍的嗎？那可不太好！
那你們怎麼樣才肯提供融資?!
假如認真想要收購，就要先委託專業人士進行實地查核，調查投資目標的價值與風險。
這樣就能清楚知道，MMM公司的經營狀況、財務狀況，
以及是否值得花10億圓買下。

我只要看財報就知道了，根本不用實地查核。
而且，只剩下三個月就要償還15億了！
只要購併ＭＭＭ公司，Hanna的營收就能增加!!
不過，稅後淨利率若以5％計算，要增加15億的利潤，
就得增加300億的銷貨收入才行！
就算買下ＭＭＭ公司，真的能增加銷售嗎？
又不是全都靠銷貨收入！
刪減成本也是基本做法！
我把慢吞吞的由紀訓了一頓，現在已經可望從材料與固定成本上省下5億了！
刪減人事費用就比較麻煩些，製造主任暨董事林田尤其抗拒！
那個男的根本不懂經營和會計!!
唔
唔…
請分行長你也說說由紀！

公司裡有這麼優秀的表哥，她卻都不聽建言！
這樣啊！
請不要捨棄Hanna！！
啪
說真的，我們之所以傾向抽銀根的原因，在於越南Hanna的財報。
以前由紀小姐曾經說明，越南Hanna沒有什麼問題，
但是文京銀行的胡志明分行卻通知我們，越南Hanna「快要破產」。
由紀小姐的報告是騙人的!!
——田端先生，距離償還期限還有三個月！
聽你所言，不是已經確保5億了嗎？
剩下的10億，只要發揮一下你的才能，應該也不是問題吧？
…

文京銀行 下午兩點
叩叩
不好意思
喀啦
由紀小姐，三個月以內，妳能籌得出15億嗎?!
劈頭就問這個?!
我們正在朝這個方向努力！
其實，敝行胡志明分行傳來了這樣的報告
矢吹小姐，這是怎麼回事？
咚
咚
HANNA 越南股份有限公司 資產負債表
單位：百萬圓
△表負值

現金存款	17,700	應付帳款	53,100
應收帳款	70,800	負債	230,100
固定資產	190,000	淨資產	△4,700
		股本	30,000
		資本公積	△34,700
總計	278,500	總計	278,500

230,100
△4,700
30,000
淨資產為負47億越南盾——若以1日圓等於177越南盾換算，就是2千6百萬的【資不抵債】
砰
妳不可能不知道！越南Hanna已經快要完蛋了!!
妳是不是向我隱瞞了越南分公司的狀況？
大吼
Hanna總公司幫越南分公司的貸款做擔保，
你們有這樣的子公司，根本不可能償還債務!!!
怎麼會?!一定是哪裡搞錯了!!

資不抵債

指資產負債表的負債總額超過資產總額。也就是說，就算處分所有資產，也無法還清負債。一旦資不抵債，企業的信用能力會變得非常低，幾乎不可能獲得融資。

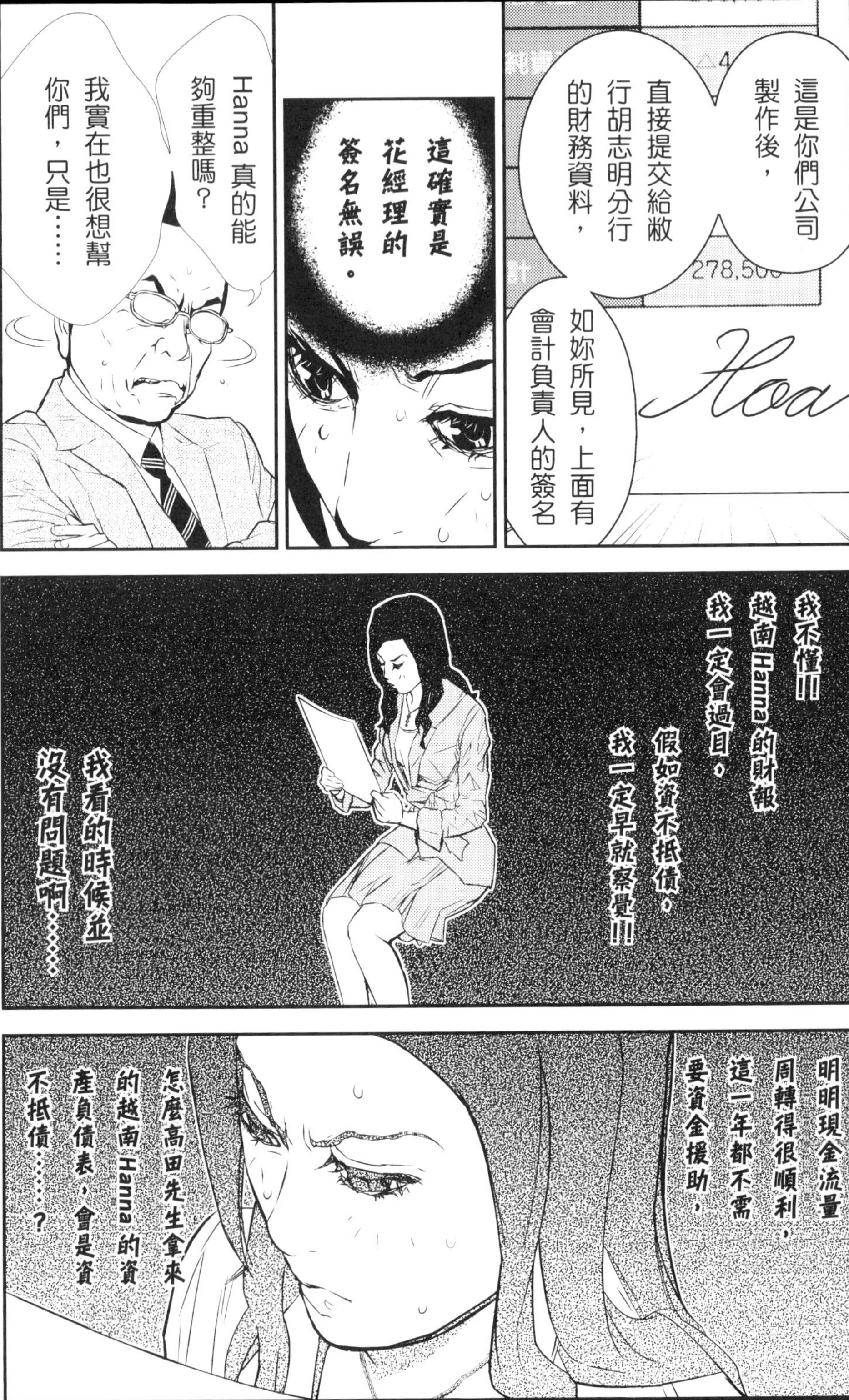

這是你們公司製作後，
直接提交給敝行胡志明分行的財務資料，
278,500
如妳所見，上面有會計負責人的簽名
這確實是花經理的簽名無誤。
Hanna 真的能夠重整嗎？
我實在也很想幫你們，只是……
我不懂!!
越南Hanna的財報我一定會過目，
假如資不抵債，我一定早就察覺!!
我看的時候並沒有問題啊……
明明現金流量周轉得很順利，
這一年都不需要資金援助，
怎麼高田先生拿來的越南Hanna的資產負債表，會是資不抵債……？

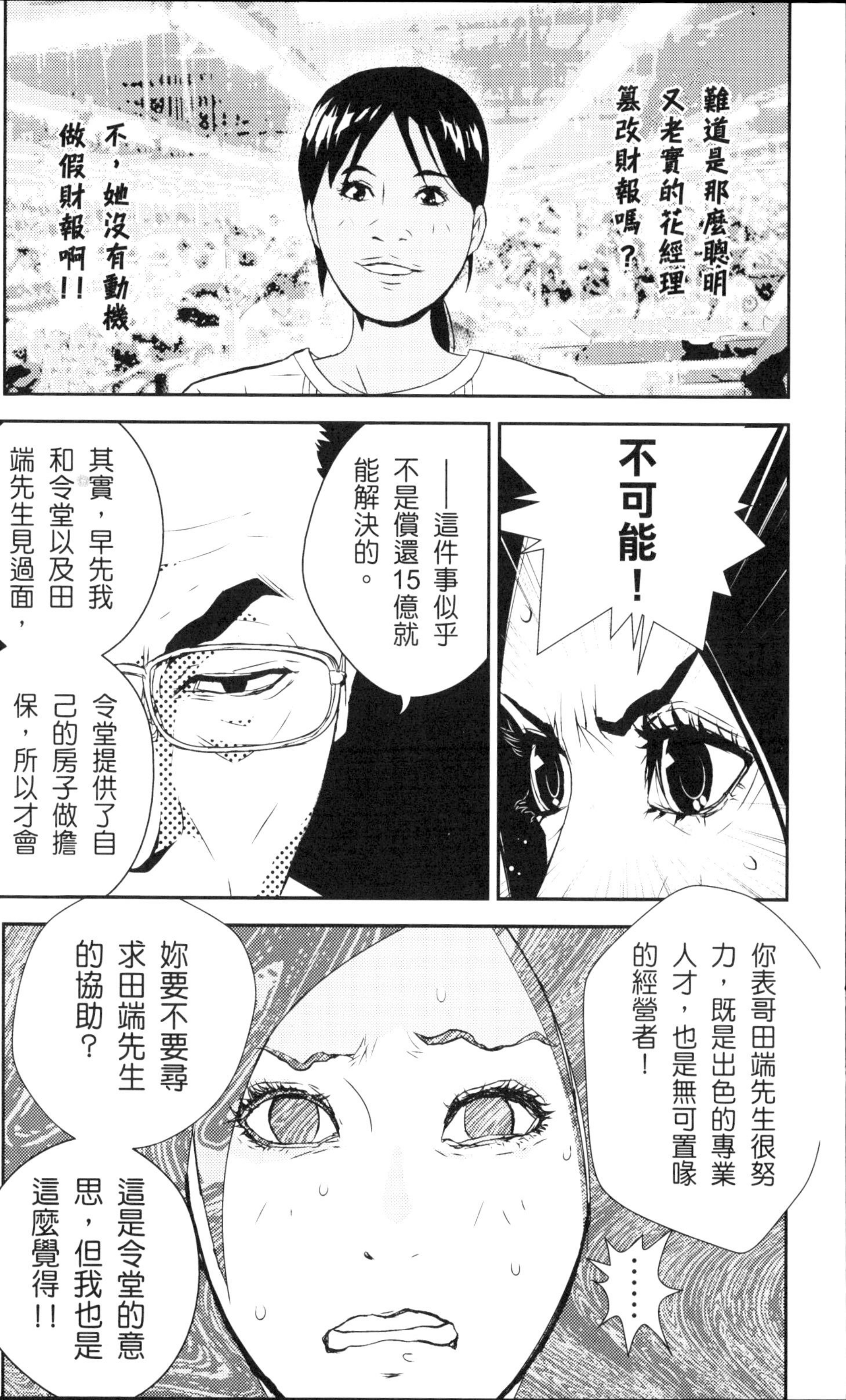
難道是那麼聰明又老實的花經理篡改財報嗎？
不，她沒有動機做假財報啊!!
不可能！
——這件事似乎不是償還15億就能解決的。
其實，早先我和令堂以及田端先生見過面，
令堂提供了自己的房子做擔保，所以才會那麼擔心吧！
你表哥田端先生很努力，既是出色的專業人才，也是無可置喙的經營者！
妳要不要尋求田端先生的協助？
……
這是令堂的意思，但我也是這麼覺得!!

總公司

可以讓我看看高田先生提供的資產負債表嗎？
換算回日圓的話，資不抵債達2千6百萬，我怎麼都不知道越南Hanna變成這樣！
單位：百萬圓
△表負值
有限公司 資產負債表
應付帳款 53,100
負債 230,100
淨資產 △4,700
股本 30,00
資本公積 △34,70
總計 278,5
,700
0,800
90,000
278,500
我剛才和花經理通過電話，沒什麼異狀！
我來打個電話確認一下
喀啦
——我很想當成是搞錯，但這毫無疑問是花經理的簽名……
4,700
砰
——我確認過了，越南分公司給我們的財報絕無問題。
那是他們把錯誤資料提供給銀行嗎？

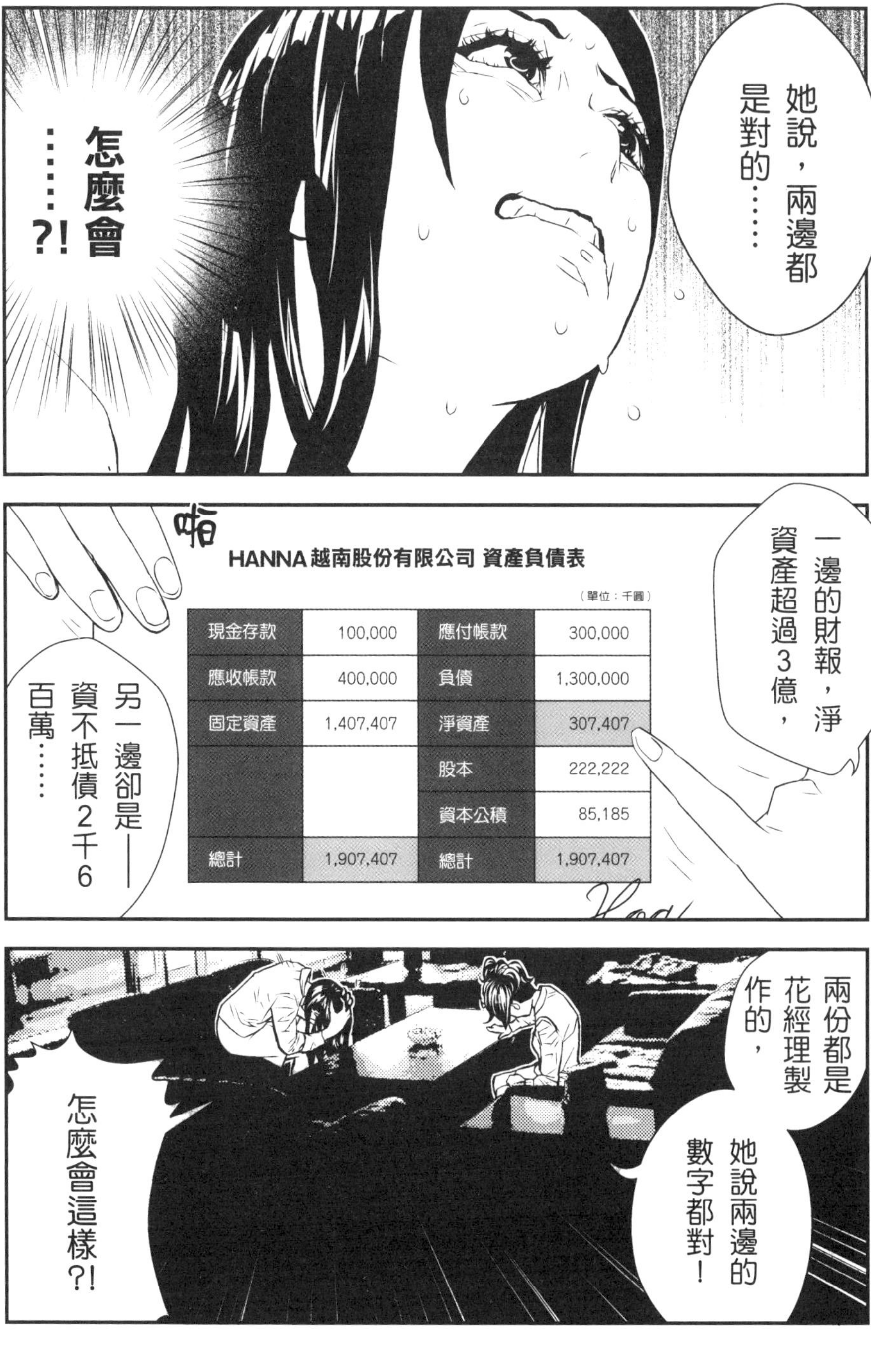
她說，兩邊都是對的……
怎麼會……?!
啪
一邊的財報，淨資產超過3億，
HANNA越南股份有限公司 資產負債表
（單位：千圓）
另一邊卻是——資不抵債2千6百萬……
兩份都是花經理製作的，
她說兩邊的數字都對！
怎麼會這樣?!

現金存款	100,000	應付帳款	300,000
應收帳款	400,000	負債	1,300,000
固定資產	1,407,407	淨資產	307,407
		股本	222,222
		資本公積	85,185
總計	1,907,407	總計	1,907,407

第8章 讓隱形的世界無所遁形

八重洲口的義式餐廳

MMM公司的收購案都還沒下定決心談，
兩星期就過去了……
怎麼辦？
嘟嚕嚕嚕
喀
你好，
我是林田！之前社長指示我分析富山工廠的作業狀況，現在結果出爐了！
我想盡快向您說明!!
今天，怎麼樣？
好，我搭傍晚的班機到東京去!!
你難得來一趟，我們就一邊用餐一邊談吧。

富山工廠的作業分析結果

林田先生!!
身體
僵硬
呼！
好高級的餐廳！
起身
——兩份B餐，也請幫我們挑選與餐點搭配的紅酒。
遵命！
久等了！
啊！是，是!!
我先拿資料。
慌
張

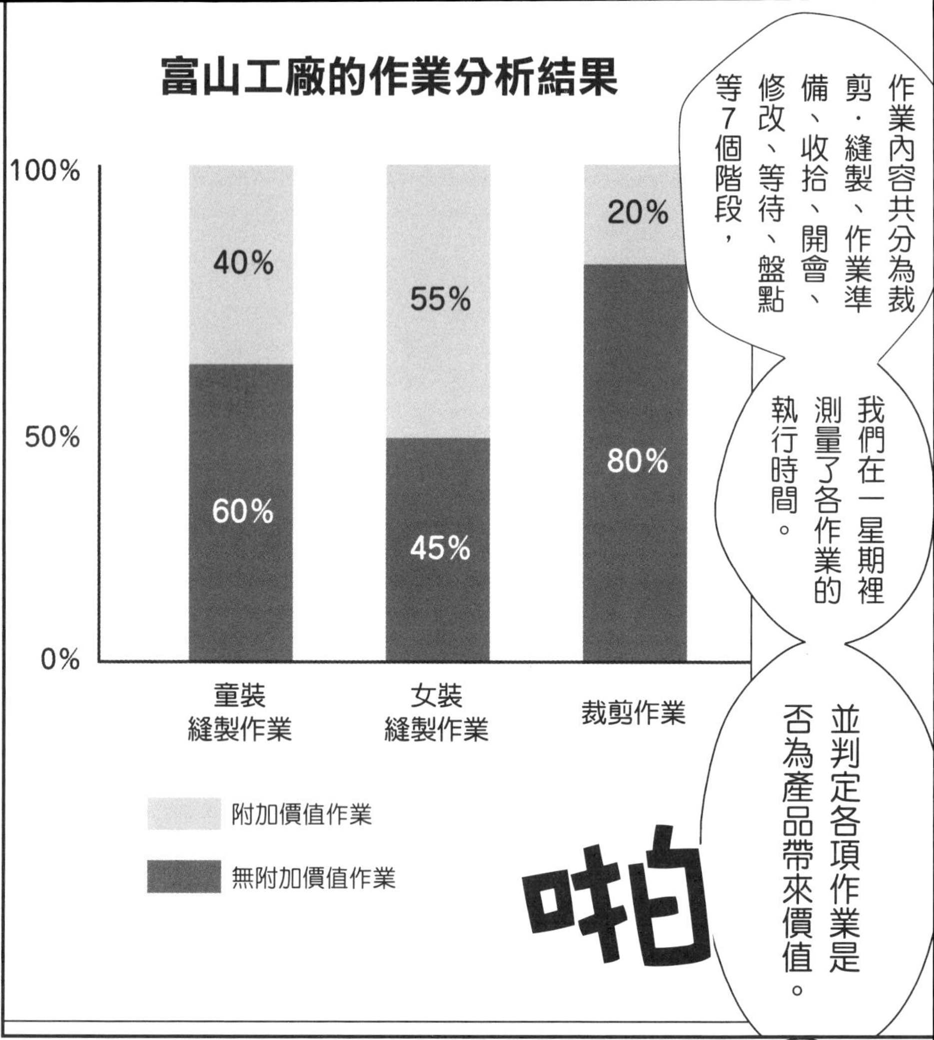
作業內容共分為裁剪‧縫製、作業準備、收拾、開會、修改、等待、盤點等7個階段，
我們在一星期裡測量了各作業的執行時間。
並判定各項作業是否為產品帶來價值。
富山工廠的作業分析結果
100%
50%
0%
40%
60%
55%
45%
20%
80%
童裝縫製作業
女裝縫製作業
裁剪作業
附加價值作業
無附加價值作業
啪

這是社長以前教我的方法，產生附加價值
的時間，就是實際用在裁剪與縫製作業上的時間。
瀏海接髮
無附加價值作業的時間，
就是用於作業準備、收拾、等待等工作上的時間。

縫製作業的附加價值作業平均約占50%，裁剪作業約占20%，真是出乎意料！
忙碌成那樣的女裝生產線也是，非附加價值的作業時間達45%！
以一天工作8小時計，等於約4小時沒有產生價值!!
女裝部門的固定成本以每年7.5億圓計算的話，
按
光這個部門就有3.4億用於不會產生價值的作業上了！
按
這是作業時間的詳細比例——
翻
嘆氣

富山工廠作業時間的詳細比例

（單位：%）

	童裝縫製作業	女裝縫製作業	裁剪作業
裁剪・縫製	40%	55%	20%
附加價值作業（VA）	40%	55%	20%
作業準備	10%	10%	10%
收拾	5%	5%	10%
開會	10%	5%	10%
修改	15%	10%	0%
等待	15%	10%	40%
盤點	5%	5%	10%
非附加價值作業	60%	45%	80%
總計	100%	100%	100%

裁剪作業一天當中只有20%的時間在稼動！會是產能過剩嗎？

本來以為縫製作業也和裁剪作業一樣，等待時間很長，結果不是，只占10到15%而已。

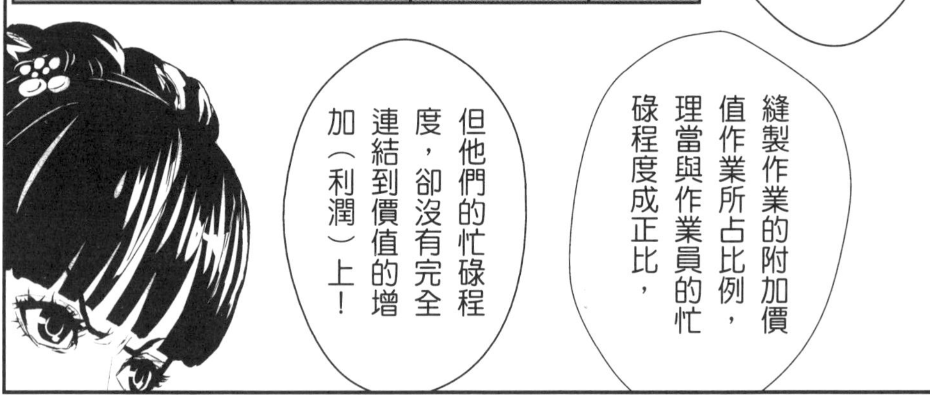

縫製作業的附加價值作業所占比例，理當與作業員的忙碌程度成正比，
但他們的忙碌程度，卻沒有完全連結到價值的增加（利潤）上！

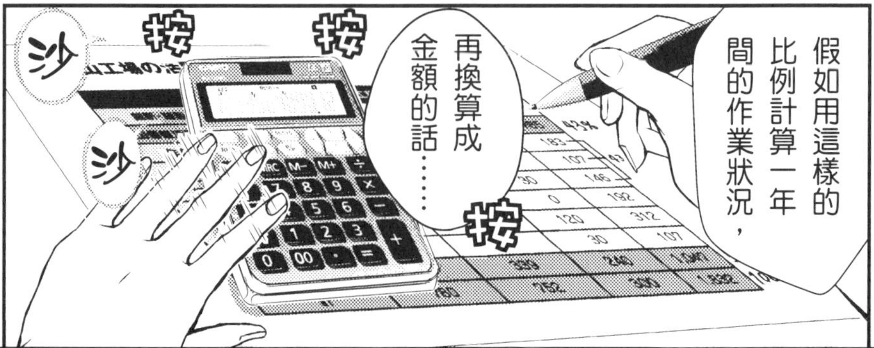

假如用這樣的比例計算一年間的作業狀況，
再換算成金額的話……
按
按
按
沙
沙

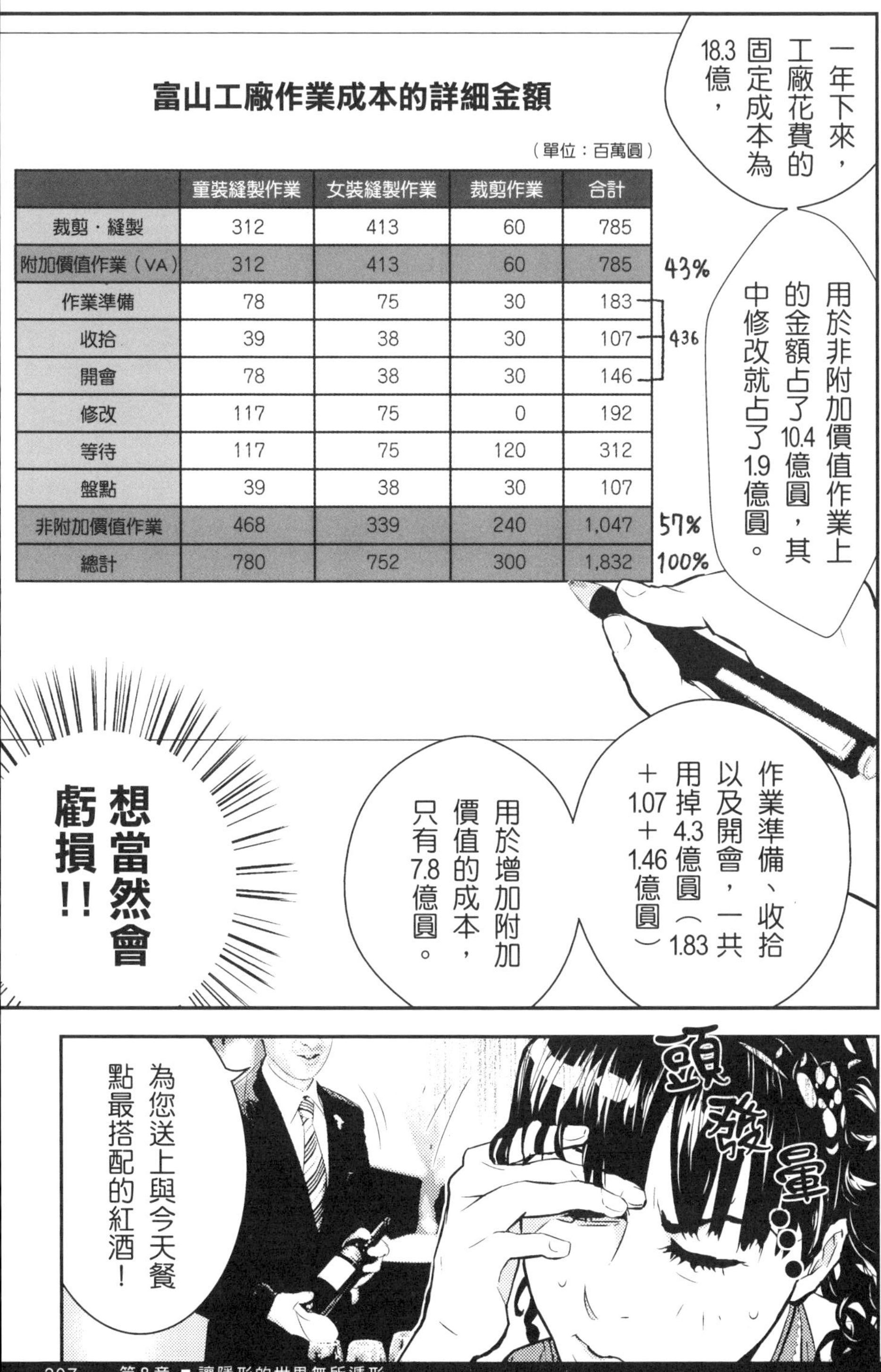

富山工廠作業成本的詳細金額

（單位：百萬圓）

	童裝縫製作業	女裝縫製作業	裁剪作業	合計
裁剪・縫製	312	413	60	785
附加價值作業（VA）	312	413	60	785
作業準備	78	75	30	183
收拾	39	38	30	107
開會	78	38	30	146
修改	117	75	0	192
等待	117	75	120	312
盤點	39	38	30	107
非附加價值作業	468	339	240	1,047
總計	780	752	300	1,832

43%
436
57%
100%
一年下來，工廠花費的固定成本為18.3億，
用於非附加價值作業上的金額占了10.4億圓，其中修改就占了1.9億圓。
作業準備、收拾以及開會，一共用掉4.3億圓（1.83＋1.07＋1.46億圓）
用於增加附加價值的成本，只有7.8億圓。
想當然會虧損!!
頭發暈…
為您送上與今天餐點最搭配的紅酒！

布雷諾蒙塔奇諾（Brunello di Montalcino）
RISERVA 1999
這款紅酒，我曾經和安曇老師共飲過！
——工作先放一邊，享用一下紅酒與料理吧！
是！
♪
♫

林田先生
為何縫製作業的等待時間很短（童裝15％、女裝10％）呢？
確實！
我想，恐怕是因為一進入等待狀態，
就馬上進入作業準備與收拾工作，沒有閒下來吧！
意思是還是有多餘時間存在是吧！
縫製作業也可以更早完成才對，卻浪費了時間!!
另外還有一點……
童裝的作業準備與修改時間很長！
換算為金額的話，兩項加起來一年就將近2億了。
我想原因在於品項太多、生產件數太少，時間都用在排程上了吧！
也因為一款衣服平均的生產件數不多，
在縫製熟練前就生產完了，導致縫製得不好，修改時間才會變多！

——社長之前希望導入工作分擔制度，變成週休三日時，
我其實是反對的。
但我發現，自己根本沒有認清事實!!
叩…
高田分行長再次重申，假如15億還不出來，就要抽銀根。
期限只剩三個月!
——另外，有件事要和你商量。

收購MMM公司

託你的福，材料的進貨價格，
以及外包單價，可望降低10％了。
下個月起再實施工作分擔，又可減少20％的人事成本。
換算為一年的話就是5億圓，但這樣還是短少10億圓。
另外就是收購MMM公司的事，
假如林田先生你贊成的話，我會正式研究此事……

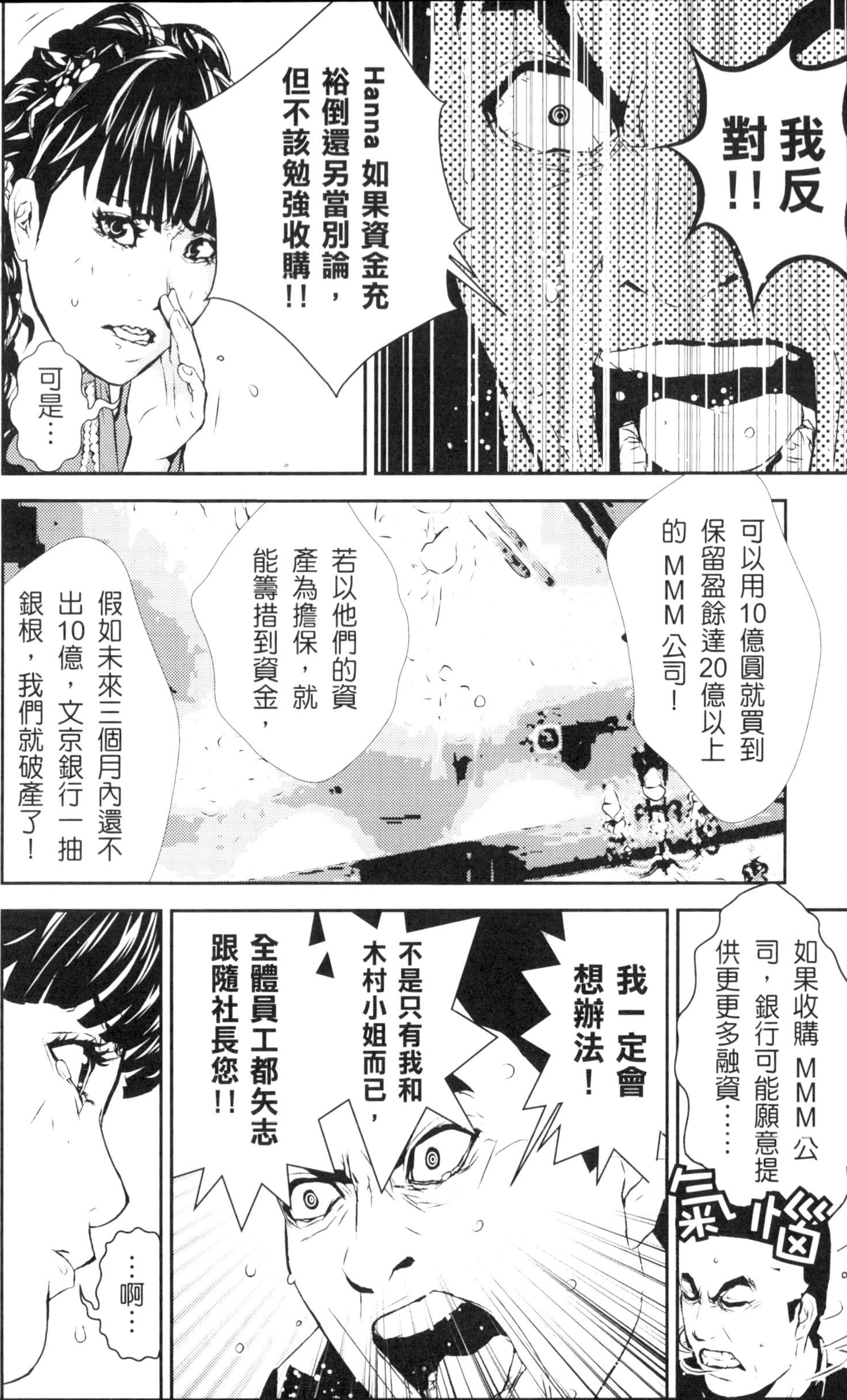

我反對!!
Hanna 如果資金充裕倒還另當別論，但不該勉強收購!!
可是…
可以用10億圓就買到保留盈餘達20億以上的MMM公司！
若以他們的資產為擔保，就能籌措到資金，
假如未來三個月內還不出10億，文京銀行一抽銀根，我們就破產了！
如果收購MMM公司，銀行可能願意提供更多融資……
氣惱
我一定會想辦法！
不是只有我和木村小姐而已，全體員工都矢志跟隨社長您!!
…啊…

大雨滂沱
謝謝你們……
我不會再談什麼收購MMM公司的相關事宜了！
開走
客人，您忘了東西了！
社長的?!

第9章
小鰶魚和鮪魚大肚肉，哪個比較賺錢？

林田的當機立斷

轟
社長一心只想著「公司要存續下去」這件事，
我卻只顧著工廠的事，
其他董事也都只關心眼前的事。
點
完全沒睡
只有社長一個人一直在煩惱Hamma要如何才不會倒！
三個月籌措出10億來！這個問題非解決不可!!
銀行不會再融資給我們……
要用利潤償還也有限度！
有沒有別的方法……?!

高階幹部會議室
木村小姐，昨天我和社長談過了。
以前我只想著要讓服飾準時出貨而已，
一心只在意製造部門的事……
明明最重要的是公司不能倒才對!!
我也是!!
過去我不能理解社長的想法，
我對自己的管理會計程度一向很有自信，也深信「數字不會騙人！」

我以為「只要妥善運用管理會計，就能順利經營」！
就算數字和事實不同，用的也是同一支望遠鏡。
我深信，只要調整焦距，一定可以看到正確的影像！
但實際情形並不是我想的那樣。
一開始，林田先生訓斥我時，
我深信自己的計算結果，已經正確呈現出公司實際狀況。
明明我算出來是賺錢，怎麼可能是虧損?!
但實際參觀過富山工廠後，
我才知道，管理會計的理論只是工具……

在分析MMM公司的財報時也是……
社長的觀點和我截然不同！
我自己都感到驚訝!!
——但社長應該很滿意妳的工作態度吧?!
就算工作再認真，一旦幫不上忙，也就沒有意義了!!
我一直欠缺經營所需要的眼光!!!
啪
昨天我和社長一面看作業分析的資料，一面談工廠的事。
第一線竟然把這麼多時間花在無謂的作業上……
山工廠的作業分析結果
20%
40%
55%
50%
0%
童裝縫製工程
女裝縫製工程
廠作業時間的詳
附加價值作業未連結利潤
多
出乎意料地多
這！這是林田先生你製作的嗎?!
才不是咧!!我只是照社長的指示去做而已。

這根本就是我學生時期學過的作業基礎成本制!!
我真的大開眼界了以前雖然曾經要作業員報告作業時間，
卻沒有真的拿來運用過！
富山工廠在製品庫存
存貨
在製品
850
但製作這樣的資料後，工廠內的作業狀況就無所遁形了！
而且，也可以從質的角度分析花費的成本。
看看某項成本對公司來說是有貢獻還是浪費之類的……
富山工廠的作業
40%
55%
50%
0%
童裝
縫製工程
山工廠作業時間的詳細
童裝縫製工程
女裝縫製工程
附加價值作業
未連結利潤
這可是管理會計的新理論唷?!
社長應該大喜過望吧！
不！
由此得知，富山工廠幾乎沒創造什麼價值！
也掌握到了許多無價值可言的作業。
不過——

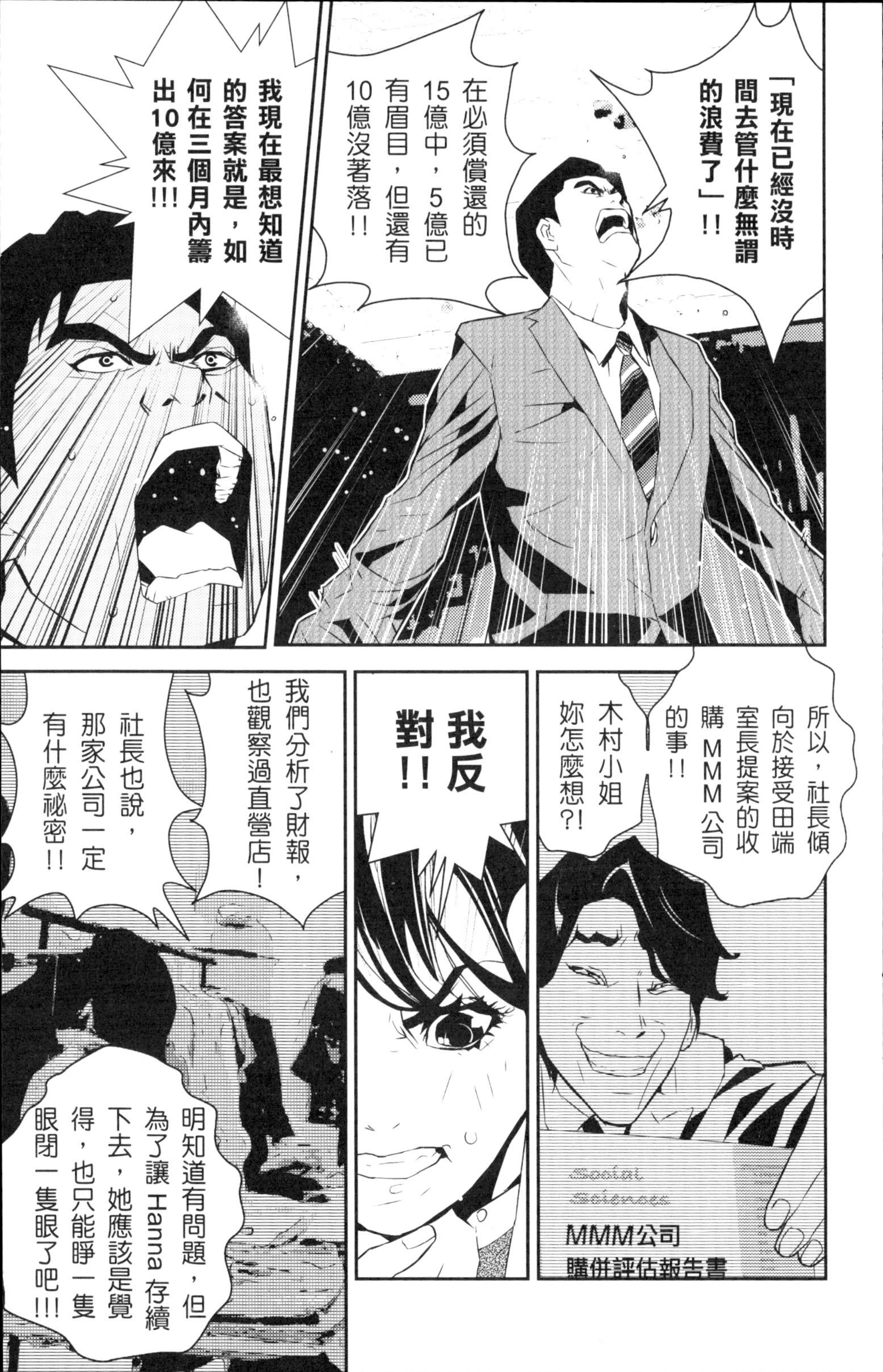
「現在已經沒時間去管什麼無謂的浪費了」!!
在必須償還的15億中，5億已有眉目，但還有10億沒著落!!
我現在最想知道的答案就是，如何在三個月內籌出10億來!!!
所以，社長傾向於接受田端室長提案的收購MMM公司的事!!
木村小姐妳怎麼想?!
我反對!!
我們分析了財報，也觀察過直營店!
社長也說，那家公司一定有什麼祕密!!
明知道有問題，但為了讓Hanna存續下去，她應該是覺得，也只能睜一隻眼閉一隻眼了吧!!!
MMM公司
購併評估報告書

MMM公司或許有「毒」……
但目前仍無法證實……！
…
那個人！
那個人？
我們來向安曇老師請益吧！

光靠我們兩個也想不出什麼好辦法啊！
但老師已經明講，這次不給社長建議了？！
那是社長啊！！
只要給我們建議不就好了！！！
你知道老師的收費標準嗎？
那不是你我的口袋深度所能支應得起的……
而且也不知道老師的手機號碼……
只要公司可以存活，報酬再高都划算！！
事不宜遲！！！
抽
怎麼做？
秀出
這個啊！！
欸…
欸？
偷笑
沒錯♫

千駄木的公寓

矢吹由紀
携帯
噢！
嗶
妳好！
是安曇老師嗎？我和您在越南餐廳碰過面——
欸？
我是——Hanna的木村
嗯！我記得妳！我還以為是由紀小姐打來的呢……
有什麼急事嗎?!
叩
其實……
我明白了！
現在已經完全束手無策了是吧？

或許你們看不出來，但Hanna 其實埋藏著沉睡的金礦。
要籌出10億，輕而易舉!!
但我已和由紀小姐約定好了，不給建議!!
我的原則是，絕不免費教別人知識!!!
你們想想看，我的建議可是能帶來10億現金！
現在我有個提案，
我給你們提示，由你們兩人和由紀三個一起想
假如找出正確答案，那就當成是你們的成果!!!
我沒有理由收受報酬!!
這樣可以嗎？
謝……謝謝您
提示有三!!!
伸
出

第一個提示是，「水深計無法測量流入河裡的水量」！
第二個提示是，「小鰶魚為何比鮪魚大肚肉賺錢」？
♪
最後的提示是，「兔子為何跑得比烏龜快」！

解開提示的關鍵在於——
把富山工廠下午五點時的在製品庫存額，畫成一個月分的圖表。
寫
寫
什麼意思?!
只要能夠理解我的提示，應該就會有10億的現金冒出來才是！
俗話說，三個臭皮匠，勝過一個諸葛亮！
而且，第二個提示的答案，我早在「千駄木的壽司店」，就已經教過她了！
雖然是七年前的事了！
假如怎麼想都想不出答案，
那就乾脆一點，把公司收掉吧！
哇哈哈哈哈～～♪
還有一點——
究竟該不該收購MMM公司……

沒有一家企業的創辦人，會以半價以下的價格，把自己一手建立起來的公司賣掉！
鏘
MMM
這樣嗎？直營店當中，有10家的店面是租的，而且長得一模一樣，店面設計與室內裝潢都沒品味！
聽說你們看了兩家，明明沒客人卻還維持經營好幾年。
那家公司價值不到10億!!
可是！從資產負債表看不出來呀?!
你們應該能夠從會計的角度察覺到其中的異常之處!!
品味那麼差的店面，搞不好不是租的，而是MMM公司的資產!!
資產?!
對！或許在法律上不是資產，但實質上很可能是資產!!
假如店面門可羅雀，買下來就好像把10億丟到水溝裡一樣！
應該好好查查!!
該不會是—
減損會計?!

很有可能!!
總之，你們應該親眼看過那10家店比較好！
掰啦!!
啊！老師現在在哪裡？
在很冷的地方啊！
哈啾!!!!!
嗶
通話記錄消去
嗶
現在應該馬上告訴社長，我們和安曇老師商量過的事。
砰
叩
叩
趕快去拜託淺倉主任吧！
在東京除了北青山外，還有澀谷店與新宿店，明天就去瞧瞧！
嗯！手機得要還給社長。

減損會計

資產的獲利性差，預計投資很難回收時，在該資產的帳面價值上反映出其價值減少的會計手續（即：降低資產的帳面價值）。

社長室
叩叩
什麼事？
砰
打擾了！
怎麼了？你們兩個……
這個！昨天您在餐廳裡掉的……
你幫我撿起來啦……
對不起!!!
我們借用了您的手機!!
鞠躬
我們請求了安曇老師!!!
請求？
問他有沒有方法能夠在三個月內籌措出10億！

他告訴你們了嗎？
沒有……但他給了我們提示，我借用一下白板！
翻
首先，他說要把富山工廠下午五點時的在製品庫存金額畫成一個月分的圖表。
嘰
嘰
他說，假如找不出答案，乾脆把公司收掉算了……
1・水深計無法測量流到河裡的水量
2・小鰶魚為何比鮪魚大肚肉賺錢？
3・兔子為何跑得比烏龜快？
喀。。。

很像老師會給的提示呢！
但我馬上懂了，老師!!
這些提示證明我一直在想的事情是對的!!!
可以馬上把每日在製品金額的變化畫成圖表嗎？
各作業中已完成的件數與收工時未完成的件數，【生產日報表】都會記錄。
──因此每天的在製品件數是查得到的!!
把在製品的件數乘上標準價格，就能算出金額!!這樣就夠了!!!
準備好了!!!

生產日報表

記錄每天實際生產狀況的表單，是收集實際生產資料的關鍵。

真奈美小姐！
請妳依品牌別把上個月的銷貨收入、銷貨成本、應收帳款、庫存、應付帳款做成表!!
啪
那麼，就帶著資料，一小時後在此集合!!!
是!!
啊……還有，老師他說，
「工廠裡埋藏著現金」!!
……!
點頭

社長室　一小時後
我把四月分的在製品庫存金額的變動狀況畫成圖表了！
每天的庫存金額與月底的庫存金額並不相同，
也就是每一天水深計的深度都不同！
是第一個提示講的水深計嗎？
沒錯！河川的深度每個地方都不同!!
在製品庫存也是這樣!!!
但我們分析庫存金額時，都直接使用月底的數字，絲毫不覺奇怪……
老師是想要告訴我們，這麼做是錯的！
庫存金額應該要以每天的加權平均計算才對！

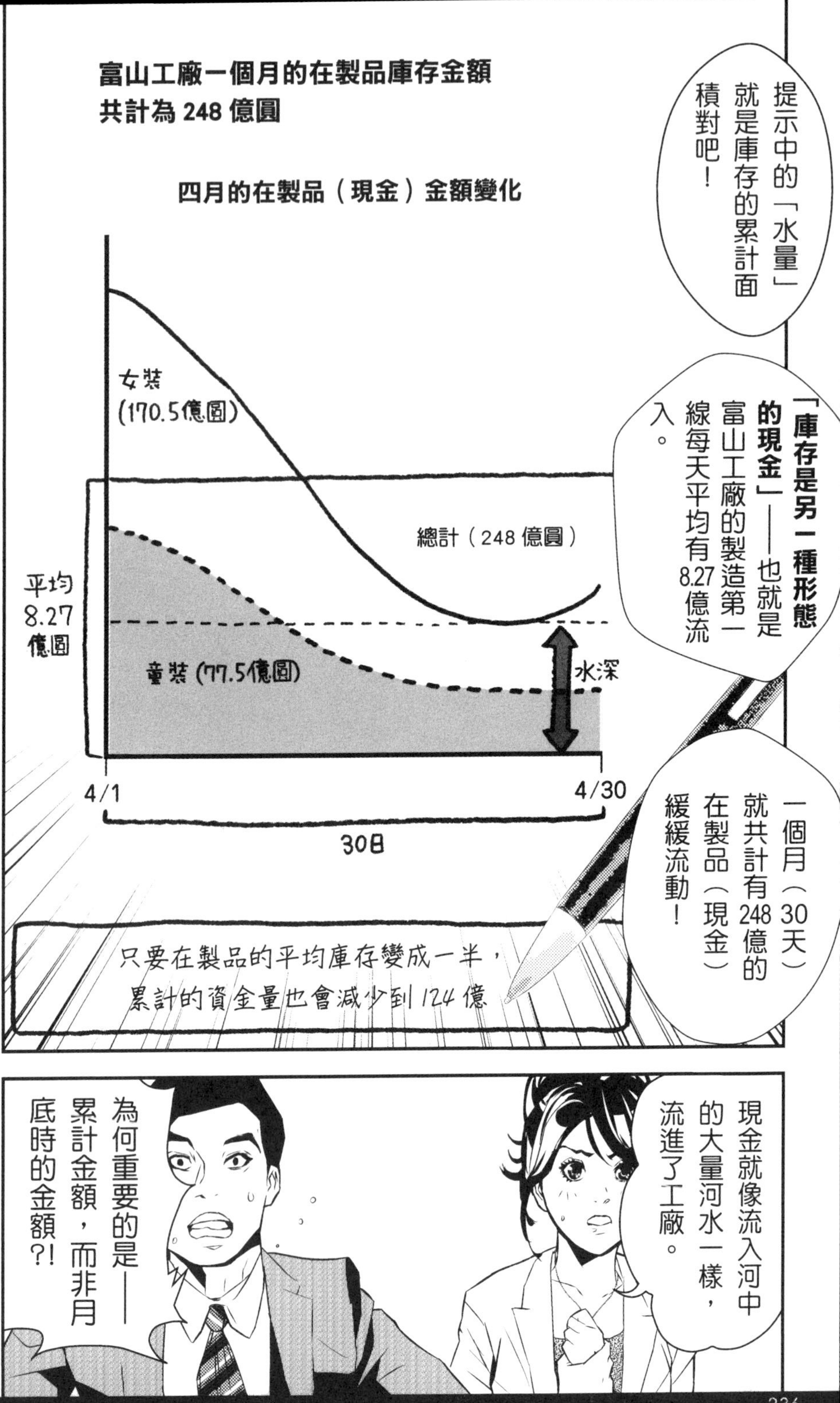
富山工廠一個月的在製品庫存金額
共計為 248 億圓
四月的在製品（現金）金額變化
女裝
(170.5億圓)
總計（248 億圓）
平均
8.27
億圓
童裝 (77.5億圓)
水深
4/1
4/30
30日
只要在製品的平均庫存變成一半，
累計的資金量也會減少到124億
提示中的「水量」就是庫存的累計面積對吧！
「庫存是另一種形態的現金」——也就是富山工廠的製造第一線每天平均有8.27億流入。
一個月（30天）就共計有248億的在製品（現金）緩緩流動！
現金就像流入河中的大量河水一樣，流進了工廠。
為何重要的是——累計金額，而非月底時的金額?!

嘰
嘰
嗯！
把一個月累計的在製品庫存金額，與一個月間的實際產值做成表的話，就像這樣——
一個月累計的在製品庫存金額與實際產值
（單位：百萬圓）
童裝 女裝 總計
當月產值 195 325 520
平均在製品金額 258 568 826
累計在製品金額（30天） 7,750 17,050 24,80
嘰
嘰
童裝的在製品庫存金額共計77.5億，總產值1.95億。
同樣的，女裝共計有170.5億的在製品，總產值3.25億。
喀…
你們覺得如何？為了生產這麼點東西，真的需要那麼多在製品庫存嗎？
是不是在製品庫存再少些，一樣能達成這樣的產值？
——一個月只為了生產5.2億的服飾，
就把累計248億的現金綁在工廠裡了！

無論從資產負債表、損益表或現金流量表，都看不出流入工廠的現金量！
月底的在製品金額只碰巧是那天的金額。
325
520
826
那等於是用水深計在量河水的深度而已！
重要的是，為了讓工廠運作所需要的資金（現金）的累計量！
以河流為例，就是「一個月間的水流量」!!
第一個提示的意思是，要在靜止的畫面加上時間軸，讓它變成影片!!
原來如此！
嚇到
應該減少的不是月底的在製品，
而是流入工廠的「在製品」總量（水量）!!!

目前童裝與女裝的在製品庫存，月平均是8.27億！
若能減少一半，那麼營運資金累計下來就能省下124億!!
老師的意思是，不光是在製品如此，包括材料、製成品，也都要用同樣角度去考量!!
我懂了，第一個提示問題在於該如何減少庫存吧！
第二個提示「小鰶魚為何比鮪魚大肚肉賺錢」？
這堂課，我七年前在千駄木的壽司店已經上過了！
一言以蔽之，就是「小鰶魚的資金周轉較快，所以賺錢」！
從資金的投入到再回收為止的時間很短，因此一次運用的資金量很少。
鮪魚大肚肉由於是龐大資金周轉緩慢，以庫存形態沉睡的時間較長！
嚼
嚼
——也就是說，只要能減少同時投入的資金量，使周轉速度變快，公司的資金周轉就會變得輕鬆!!

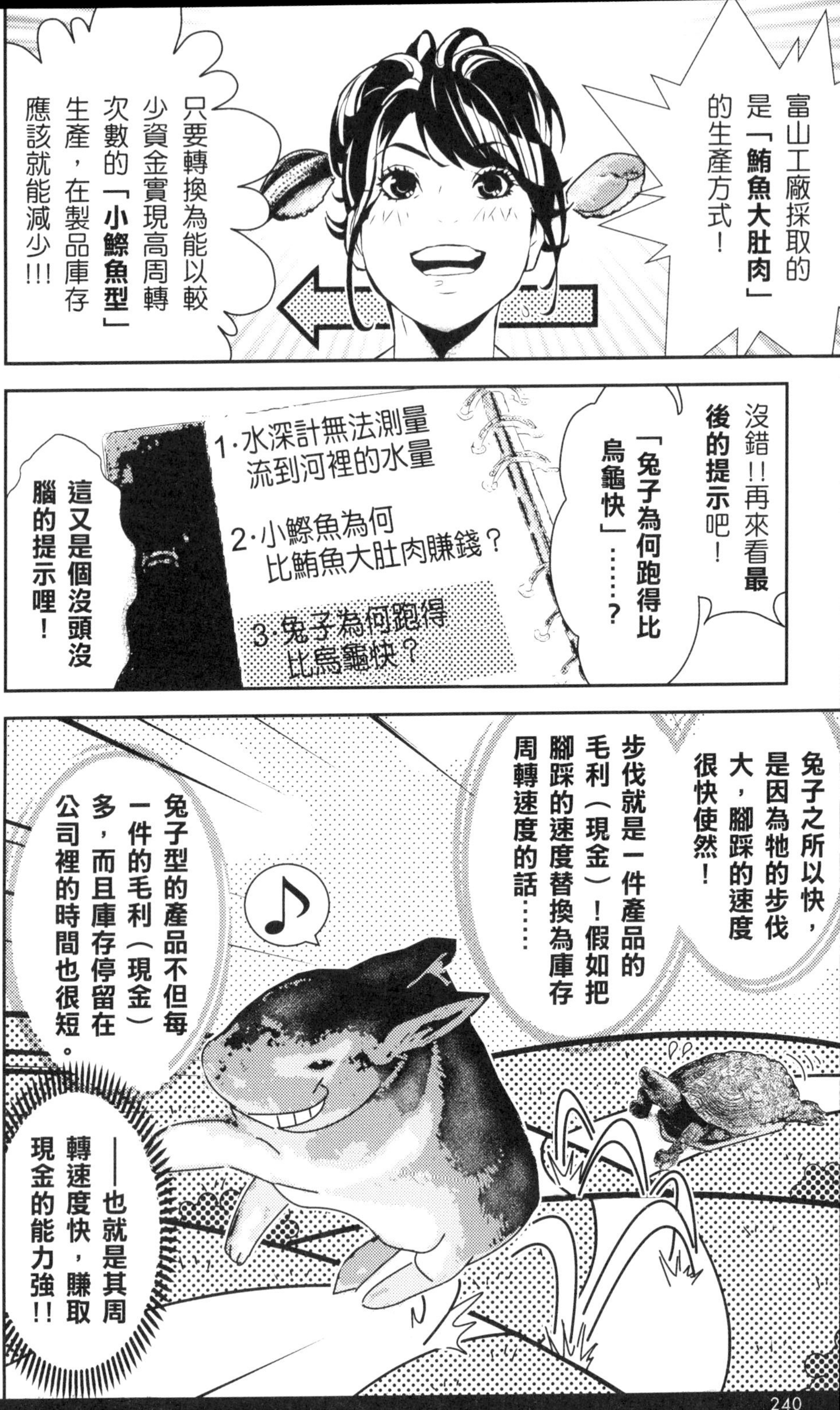
富山工廠採取的是「鮪魚大肚肉」的生產方式！
只要轉換為能以較少資金實現高周轉次數的「小鰶魚型」生產，在製品庫存應該就能減少!!!
沒錯!!再來看最後的提示吧！
「兔子為何跑得比烏龜快」……？
1·水深計無法測量流到河裡的水量
2·小鰶魚為何比鮪魚大肚肉賺錢？
3·兔子為何跑得比烏龜快？
這又是個沒頭沒腦的提示哩！
兔子之所以快，是因為牠的步伐大，腳踩的速度很快使然！
步伐就是一件產品的毛利（現金）！假如把腳踩的速度替換為庫存周轉速度的話……
兔子型的產品不但每一件的毛利（現金）多，而且庫存停留在公司裡的時間也很短。
♪
——也就是其周轉速度快，賺取現金的能力強!!

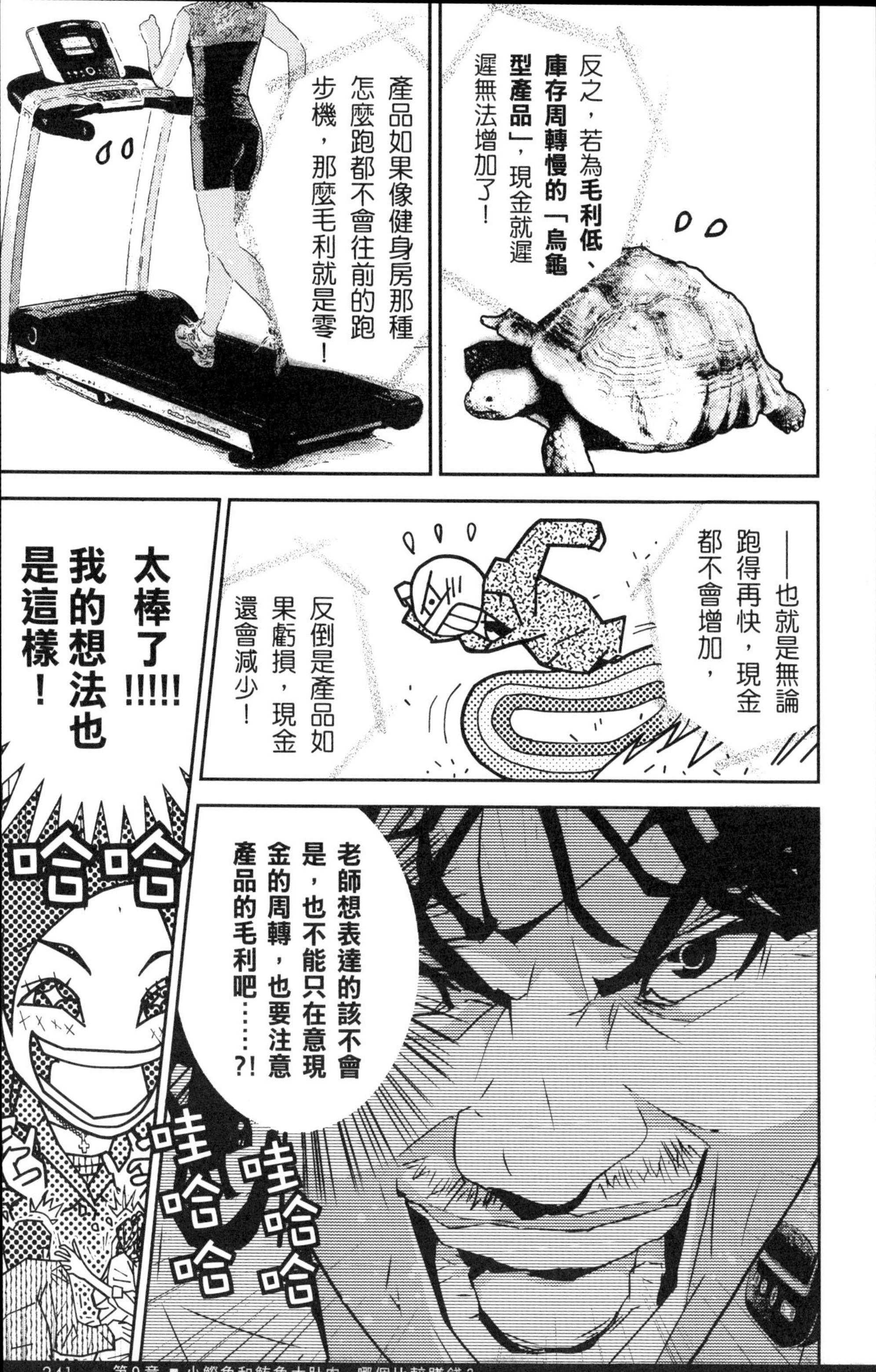
反之，若為毛利低、庫存周轉慢的「烏龜型產品」，現金就遲遲無法增加了！
產品如果像健身房那種怎麼跑都不會往前的跑步機，那麼毛利就是零！
——也就是無論跑得再快，現金都不會增加，
反倒是產品如果虧損，現金還會減少！
太棒了!!!!!
我的想法也是這樣！
老師想表達的該不會是，也不能只在意現金的周轉，也要注意產品的毛利吧……?!
哈哈
哇哈哈
哇哈哈

請林田先生推動的成本刪減以及工作分擔，
還有庫存的刪減，這三者若能實現，就能設法還清15億!!
接下來就分頭設想具體行動方案吧！
期限是兩天後!!
要聯絡所有負責管理工作的幹部，到時候集合開會!!!
是!!!
HAWA

第10章 兔子為何跑得比烏龜快

丸之內的午餐聚會

老師，今天我想和您商量田端的事。
他是不是真的能幫由紀呀？
我想這妳不用太擔心吧?!
他不是你最自豪的外甥嗎？
而且妳和他還經常聯絡！
我可是從沒見過阿勝呢！
說得也是！其實他昨天又打來，說什麼「能不能快點幫我把林田趕走」，囉囉唆唆的……
他剛進公司時，我很相信他的話，但他實在太煩人，
最近簡直煩死啦!!
我無法評斷什麼啊！
而且，妳和阿勝私下聯絡的事，由紀如果知道了會很擔心的！
我看妳就別再對公司的事表達意見，相信由紀小姐的判斷怎麼樣？
我想沒問題的！她一定能克服難關!!
好吃♡

MMM公司背後隱藏的祕密

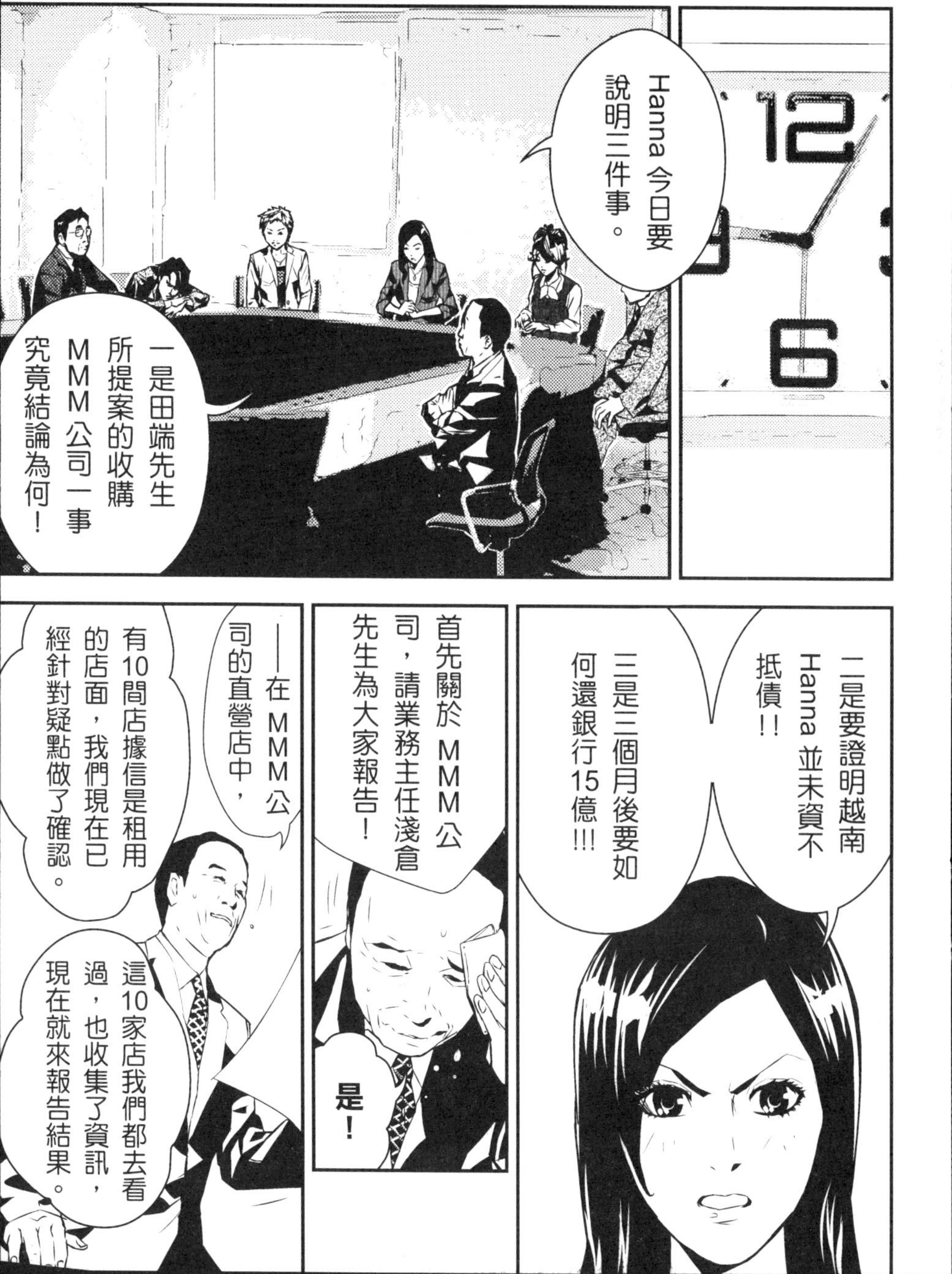
Hanna今日要說明三件事。
一是田端先生所提案的收購MMM公司一事究竟結論為何！
二是要證明越南Hanna並未資不抵債!!
三是三個月後要如何還銀行15億!!!
首先關於MMM公司，請業務主任淺倉先生為大家報告！
是！
——在MMM公司的直營店中，
有10間店據信是租用的店面，我們現在已經針對疑點做了確認。
這10家店我們都去看過，也收集了資訊，現在就來報告結果。

這些店的店面結構、室外與室內裝潢全都相同。
恐怕是根據相同設計圖施作的！
其次，店員不是一位就是兩位，全都生意冷清。
我們一問店員，發現每家都是十年左右的店面，重新粉刷牆面與維修的費用，全都由MMM公司負擔。
MMM
而且，地段不是那麼好，雖然都在鬧區，但是都位於巷子裡，沒有人潮！
這樣的話，就算稍微改裝，可能還是不會有客人!!
好啦！好啦!!
50家分店只查這10家，那又怎樣？
而且這種分店等購併後再收掉不就好了！
……
關於淺倉主任的報告，從會計的角度有什麼看法嗎？
是！

雖然只是揣測，但這10家直營店，可能不是按月租用，而是長期租用吧！
意思是——
我去調查店面的【建物登記謄本】，發現所有人是一家租賃公司。
據信店面是承租來的這10家店，全都是相同的奇特設計！
我去看過北青山的店，店面有夠難看！
應該是MMM公司特有的配置吧！
而且，明明都不賺錢，卻持續租了十年!!
——這會不會表示無法解約？
而且，店面維修費用全都由MMM公司負擔！
——也就是說，實質上，就等於是向擁有店面的租賃公司借錢蓋的一樣！
蛤？
如果是這樣，資產負債表中應該會認列「租賃資產」的科目才對!!
但MMM公司的資產負債表中並未記載!!!

建物登記謄本

影印建物登記簿、經由登記官認證過的謄本。誰都能閱覽與取得。

妳的意思是，這10家店是MMM公司【融資租賃】的物件是吧?!
建物與待付款項確實都必須認列於資產負債表，但就算這麼做，MMM公司的股東價值也不會變啊！
也就是說，在資產負債表上認列1億圓的建物資產，
再認列1億圓的應付款項，兩相抵消，金額為零，公司的淨資產（財富的多寡），也不會改變!!
而且，認列於損益表中的費用，只不過是把租金由「折舊費用」變成「利息支出」而已，每個月一樣還是50萬啊!!!
就算沒認列在資產負債表上，利潤的多寡還是一樣啊!!!
但——
這些店
根本不賺錢!!!!

融資租賃

租賃交易的一種形態，要符合以下兩個條件：(1) 根據租賃契約，無法中途解除該契約；(2) 承租人可根據該契約，享受透過使用租賃物件所得到的實質經濟利益，但伴隨著該租賃物件而產生的成本，需由承租人負擔。

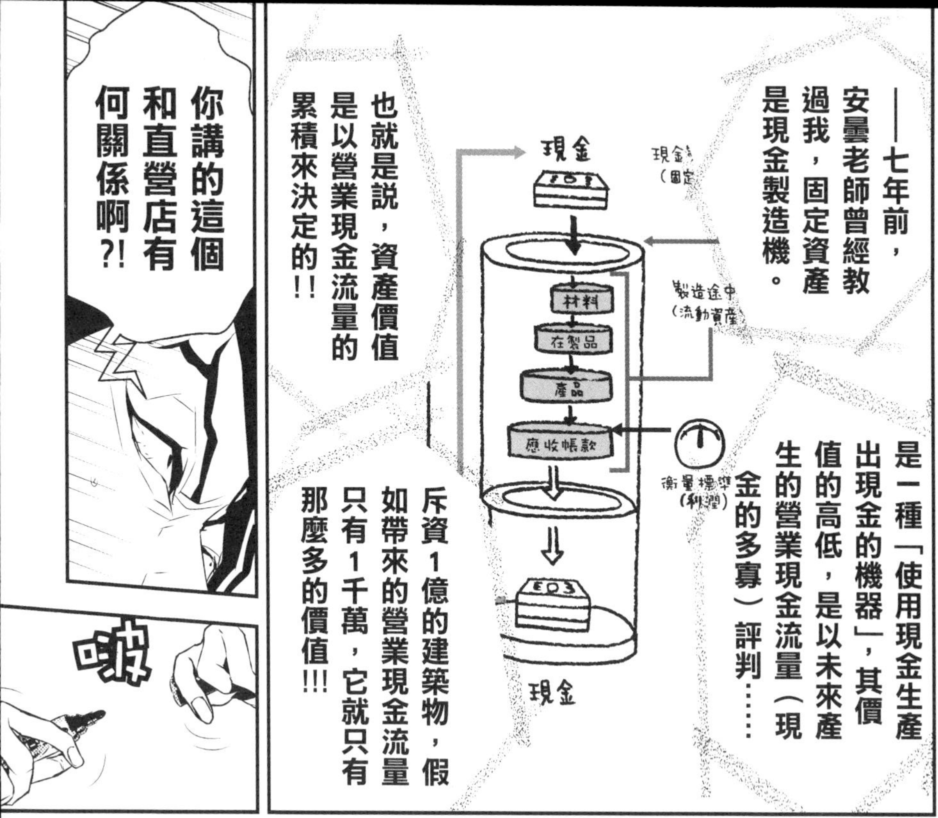
——七年前，安曇老師曾經教過我，固定資產是現金製造機。
是一種「使用現金生產出現金的機器」，其價值的高低，是以未來產生的營業現金流量（現金的多寡）評判……
也就是說，資產價值是以營業現金流量的累積來決定的!!
斥資1億的建築物，假如帶來的營業現金流量只有1千萬，它就只有那麼多的價值!!!
現金
材料
在製品
產品
應收帳款
製造途中
(流動資產)
衡量標準
(利潤)
現金
你講的這個和直營店有何關係啊?!
啪

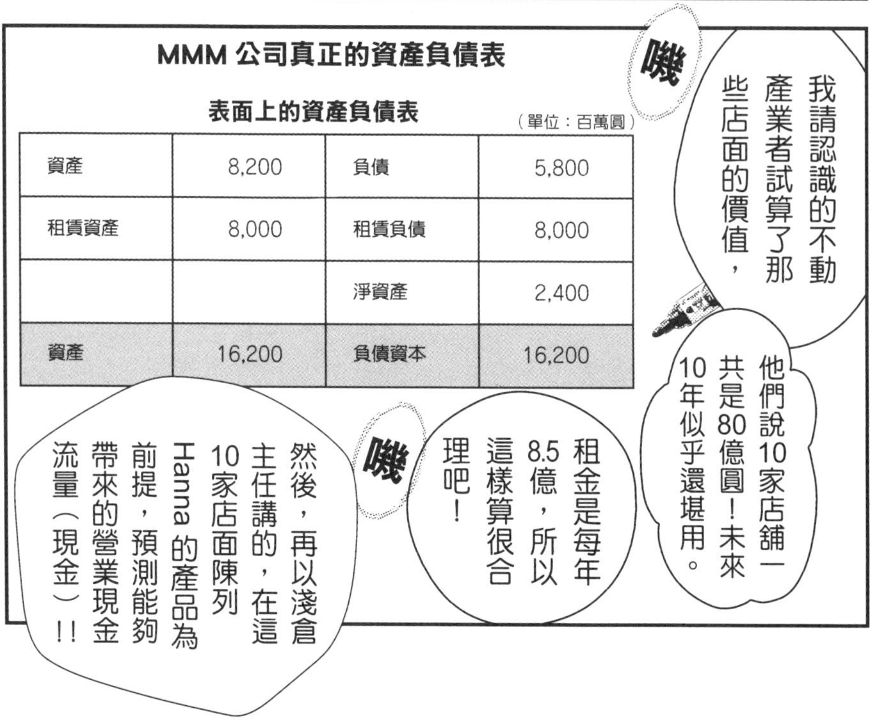
嘰
我請認識的不動產業者試算了那些店面的價值，
他們說10家店鋪一共是80億圓！未來10年似乎還堪用。
租金是每年8.5億，所以這樣算很合理吧！
嘰
然後，再以淺倉主任講的，在這10家店面陳列Hanna的產品為前提，預測能夠帶來的營業現金流量（現金）!!

MMM 公司真正的資產負債表

表面上的資產負債表

（單位：百萬圓）

資產	8,200	負債	5,800
租賃資產	8,000	租賃負債	8,000
		淨資產	2,400
資產	16,200	負債資本	16,200

MMM 公司真正的資產負債表

表面上的資產負債表

（單位：百萬圓）

資產	8,200	負債	5,800
租賃資產	8,000	租賃負債	8,000
		淨資產	2,400
資產	16,200	負債資本	16,200

減損處理後實際資產負債表

△表負值

資產	8,200	負債	5,800
租賃資產	2,000	租賃負債	8,000
		淨資產	△3600
資產	10,200	負債資本	10,200

結果，每家店面每年頂多帶來2千萬的營業現金流量，10年總計就是20億！也就是這10家店面的價值一共就是20億！

嘰 嘰

若為融資租賃，資產負債表中，除了列記80億資產外，也同時列記80億的應付債務（負債）!!

然而，資產價值並非80億，而是20億，因此差額是60億的損失!!

也就是淨資產並非24億，而是△36億（24－60）！

嘰 嘰

——但MMM公司卻只列記每年8.5億的租金，而沒在財報中列出損失的60億!!!

不能花10億買這家公司!!!
MMM公司已經資不抵債36億了!!!
呃啊啊
怎麼可能!!

呃啊啊
……我也一時動心，想要以實地查核為前提，向對方提案，透過文京銀行收購股份。
但該公司的松野社長卻鄭重婉拒！
他說「我現在又想多做一陣子了!!」
他可能根本不想知道自己公司的價值到底還剩多少吧!!!
──而且，企管顧問新崎先生，
後來就再也沒聯絡了!!!
田端先生和新崎先生，你們都被騙了!!!
都被松野社長騙了!!!!

越南Hanna快要倒了嗎？

——基於以上原因，MMM公司購併案就免談了吧！
呃啊啊啊！
現在進入第二個議題真奈美小姐，麻煩妳說明！！
是！
請看看我提供的資料，
——日前，高田分行長曾告訴我們，越南Hanna出現了資不抵債47億越南盾的情形！
但當地經理卻沒有提供這樣的報告！！
我們調查過後，發現兩份財報都是對的！！
哦，有這種變魔術般的事嗎?!難以置信！
——是碰到惡作劇了！！
嗯⋯⋯
兇手是「匯率」！！

越南 Hanna 之所以會資不抵債的原因

日圓計價的資產負債表

（單位：千圓）

★現金存款	100,000	★應付帳款	300,000
★應收帳款	400,000	★貸款	1,300,000
固定資產	1,407,407	淨資產	307,407
		股本	222,222
		資本公積	85,185
總計	1,907,407	總計	1,907,407

★為日圓計價

亦即，越南 Hanna 無論銷貨或進貨，都以日圓交易（日圓計價）！向文京銀行胡志明分行的貸款也是日圓計價！

1日圓=135越南盾

急跌為1日圓=177越南盾

由於越南盾急跌，看起來債務增加，變成資不抵債！

但工廠的建設費用，卻是以當地的貨幣越南盾支付，這時的匯率是1日圓兌135越南盾。

越南盾計價的資產負債表

（單位：百萬圓）△表負值

★現金存款	17,700	★應付帳款	53,100
★應收帳款	70,800	★貸款	230,100
固定資產	190,000	淨資產	△4,700
		股本	30,000
		資本公積	△34,700
總計	278,500	總計	278,500

★為日圓計價

後來，越南盾急貶！上年度期末時，匯率變成1日圓兌177越南盾!!

負責會計工作的花經理，在製作「越南盾計價」的財報時，把原本以日圓計價的資產與負債，以期末的匯率1圓兌177盾換算……

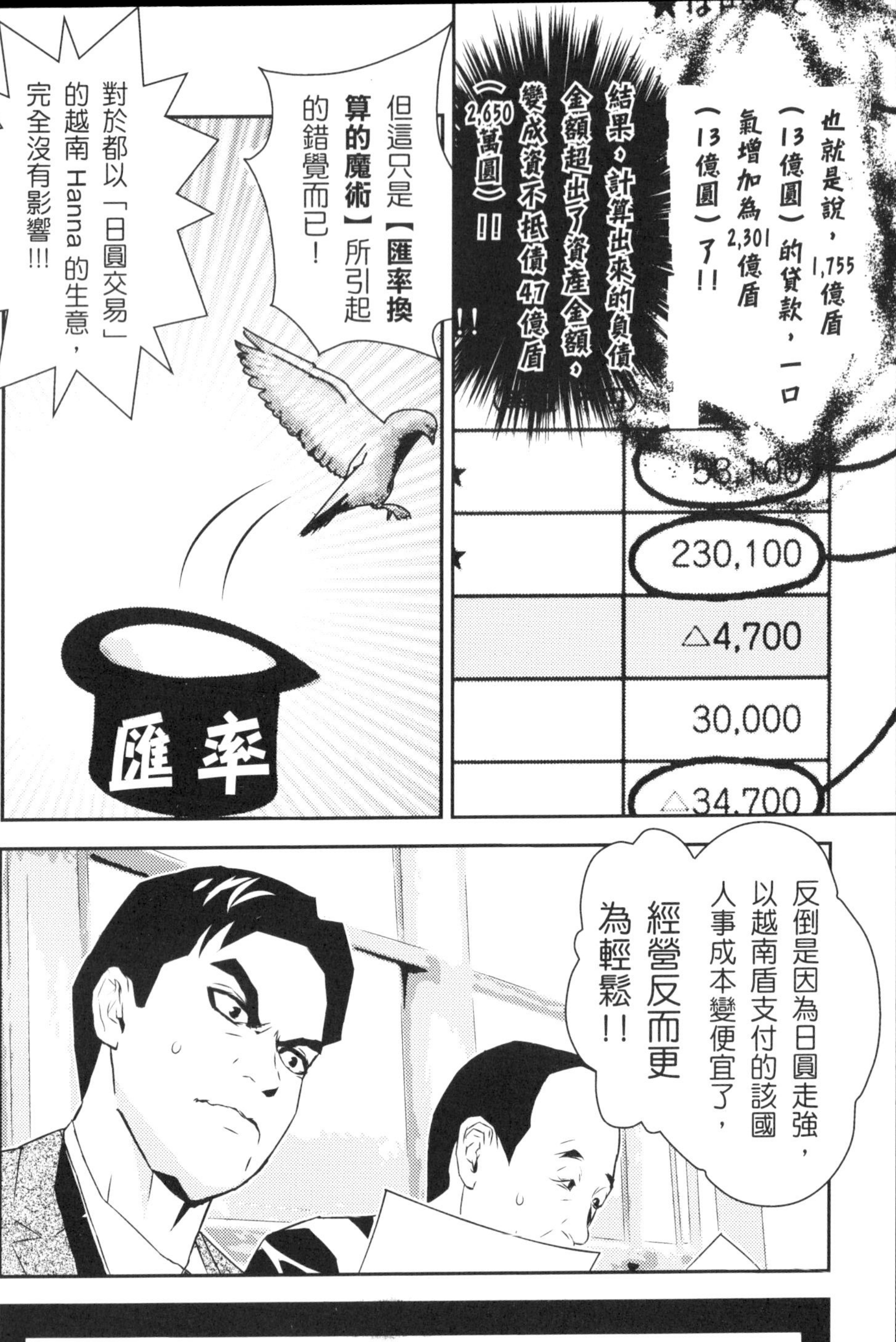

匯率換算的魔術

越南貨幣、越南盾的暴跌（盾貶值），使得越南 Hanna 帳面上的債務增加，看起來像是資不抵債。

——相對的，以日圓製作的財報中，固定資產的部分把原本以越南盾計的金額乘以0.0074（1圓／135盾），換算為日圓，
現金、應收帳款、應付帳款及銀行貸款原本就以日圓計算，沒必要換算！
——亦即幾乎不受匯率影響！！
這次的誤解之所以發生，
只是匯率換算造成的數字魔法而已!!!
怎麼會這樣！根本只是單純的誤解嘛，無聊！！
……
……
……

如何籌措15億圓

越南Hanna一事，已經向高田分行長說明清楚了！
微笑
剩下來的問題就是，如何籌措15億。
其中的5億已經因為刪減成本而有著落了！
問題在剩下的10億!!
而且只有三個月可以籌措!!
還好，林田先生與木村小姐幫忙想出了很棒的提案！
麻煩你了！
是！
富山工廠裡，真的埋藏著現金!!
表面上的資產負債表
負債
租賃
我先從這件事講起!!
咻
咻

Hanna 的平均存貨金額與一個月的累計存貨金額

（單位：億圓）

	平均存貨金額	當月累計存貨金額
材料	7	217
在製品	8	248
製成品	14	434
總計	29	899

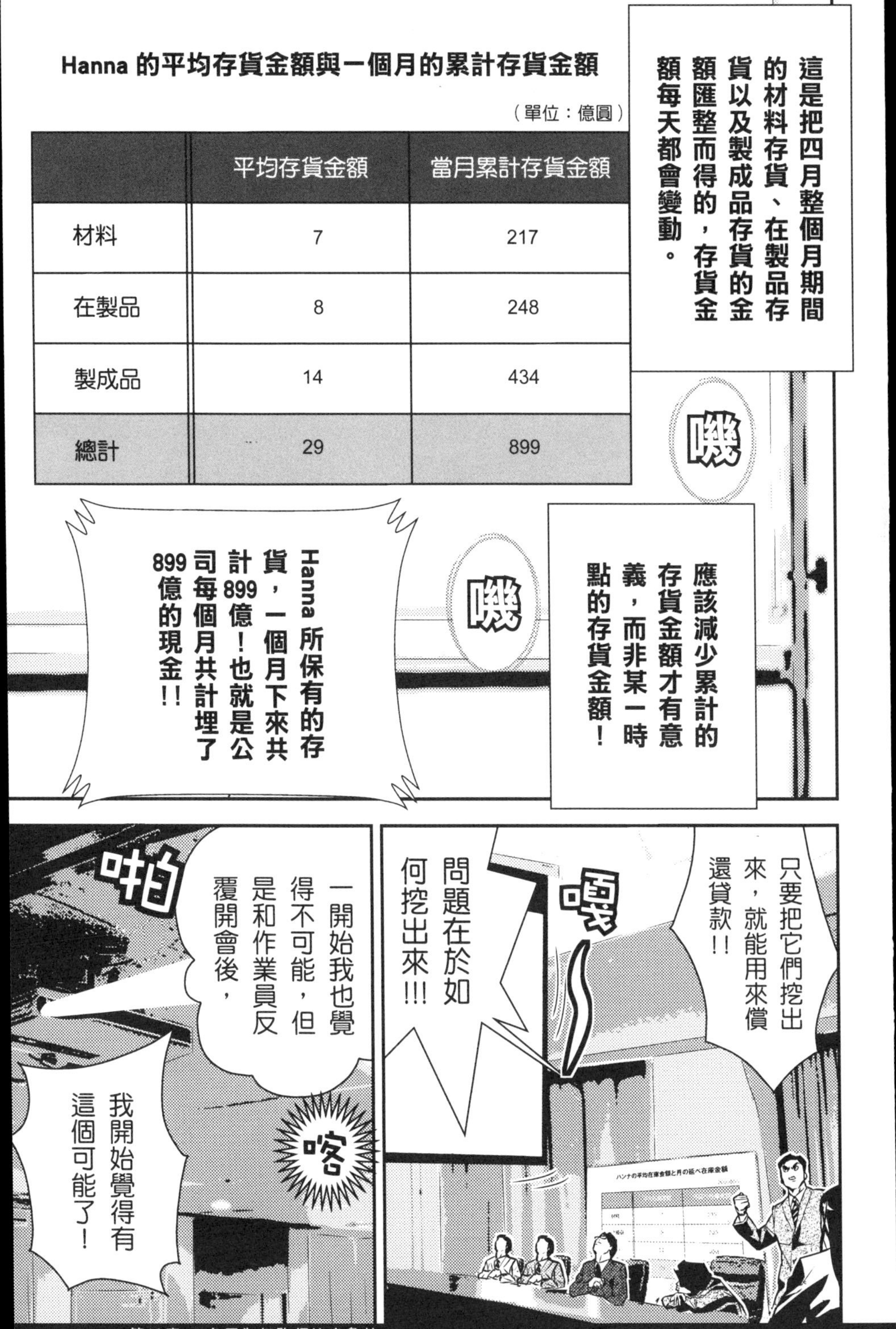

這是把四月整個月期間的材料存貨、在製品存貨以及製成品存貨的金額匯整而得的，存貨金額每天都會變動。
嘰
應該減少累計的存貨金額才有意義，而非某一時點的存貨金額！
嘰
Hanna 所保有的存貨，一個月下來共計899億！也就是公司每個月共計埋了899億的現金!!
只要把它們挖出來，就能用來償還貸款!!
嘎
問題在於如何挖出來!!!
啪
一開始我也覺得不可能，但是和作業員反覆開會後，
喀
我開始覺得有這個可能了！

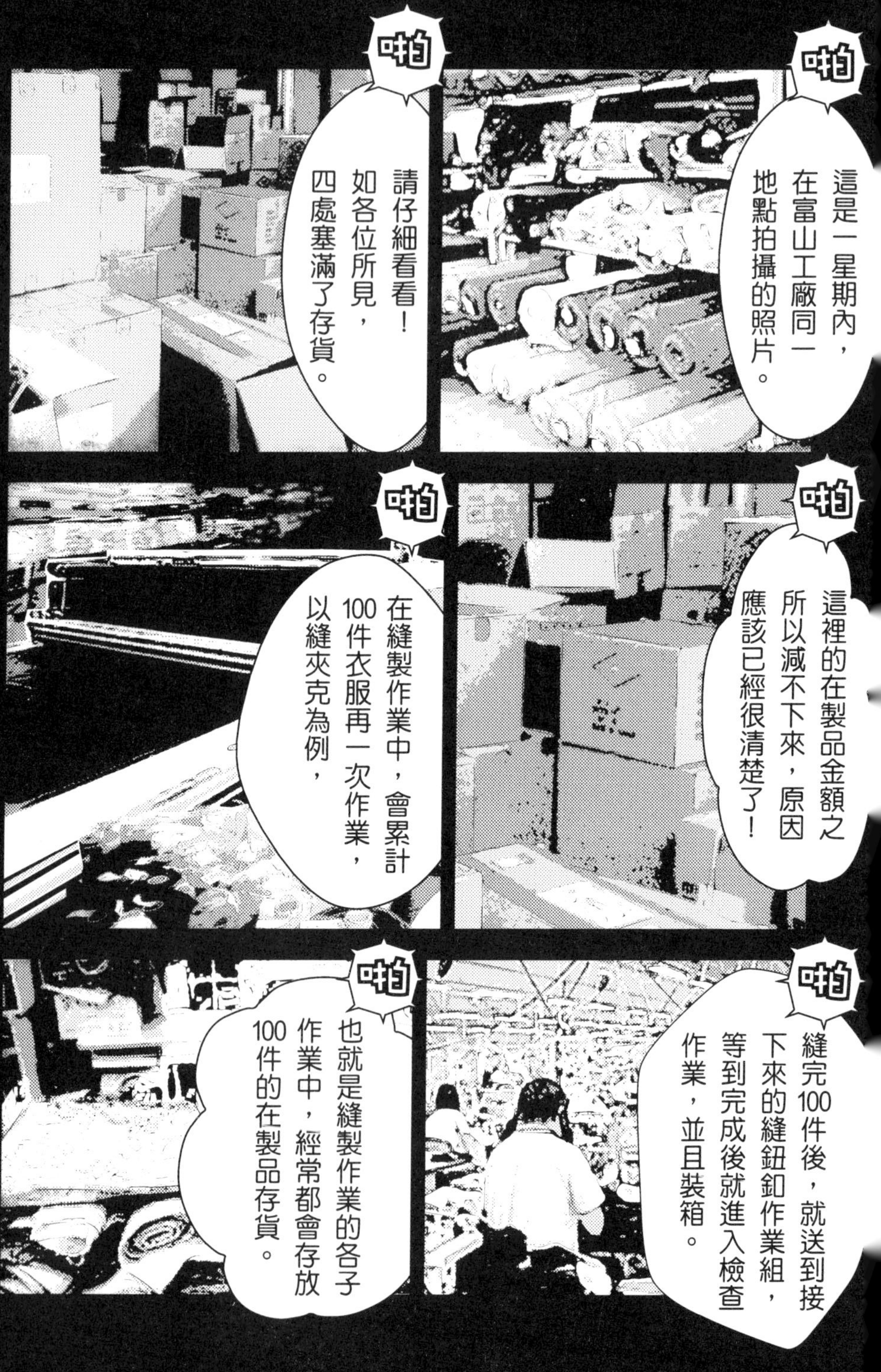
啪
這是一星期內，在富山工廠同一地點拍攝的照片。
啪
請仔細看看！如各位所見，四處塞滿了存貨。
啪
這裡的在製品金額之所以減不下來，原因應該已經很清楚了！
啪
在縫製作業中，會累計100件衣服再一次作業，以縫夾克為例，
啪
縫完100件後，就送到接下來的縫鈕釦作業組，等到完成後就進入檢查作業，並且裝箱。
啪
也就是縫製作業的各子作業中，經常都會存放100件的在製品存貨。

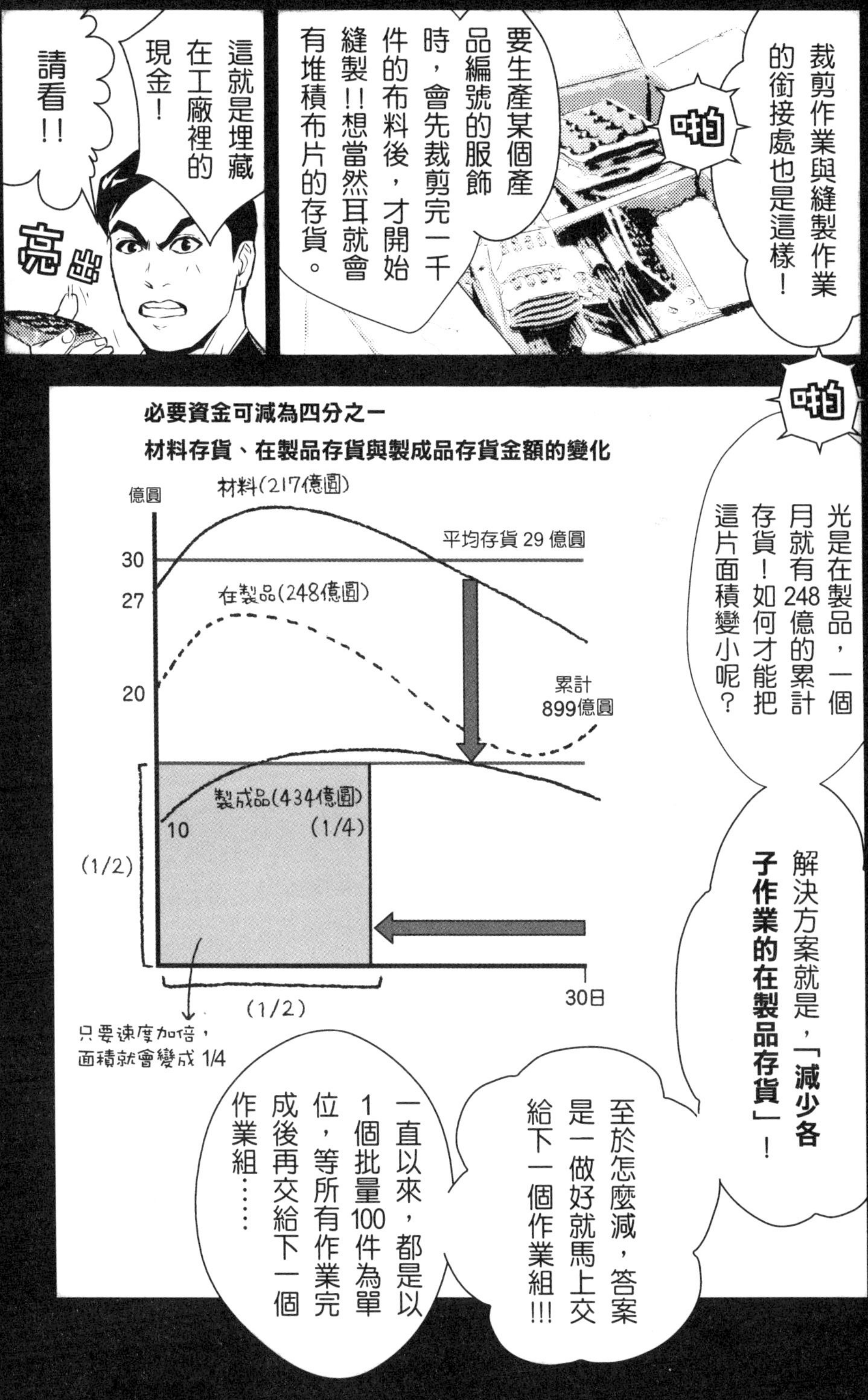
裁剪作業與縫製作業的銜接處也是這樣！
啪
要生產某個產品編號的服飾時，會先裁剪完一千件的布料後，才開始縫製!!想當然耳就會有堆積布片的存貨。
這就是埋藏在工廠裡的現金！
請看!!
亮出
啪
必要資金可減為四分之一
材料存貨、在製品存貨與製成品存貨金額的變化
億圓
材料(217億圓)
平均存貨 29 億圓
30
27
在製品(248億圓)
20
累計
899億圓
製成品(434億圓)
10
(1/4)
(1/2)
(1/2)
30日
只要速度加倍，
面積就會變成 1/4
光是在製品，一個月就有248億的累計存貨！如何才能把這片面積變小呢？
解決方案就是，「減少各子作業的在製品存貨」！
至於怎麼減，答案是一做好就馬上交給下一個作業組!!!
一直以來，都是以1個批量100件為單位，等所有作業完成後再交給下一個作業組……

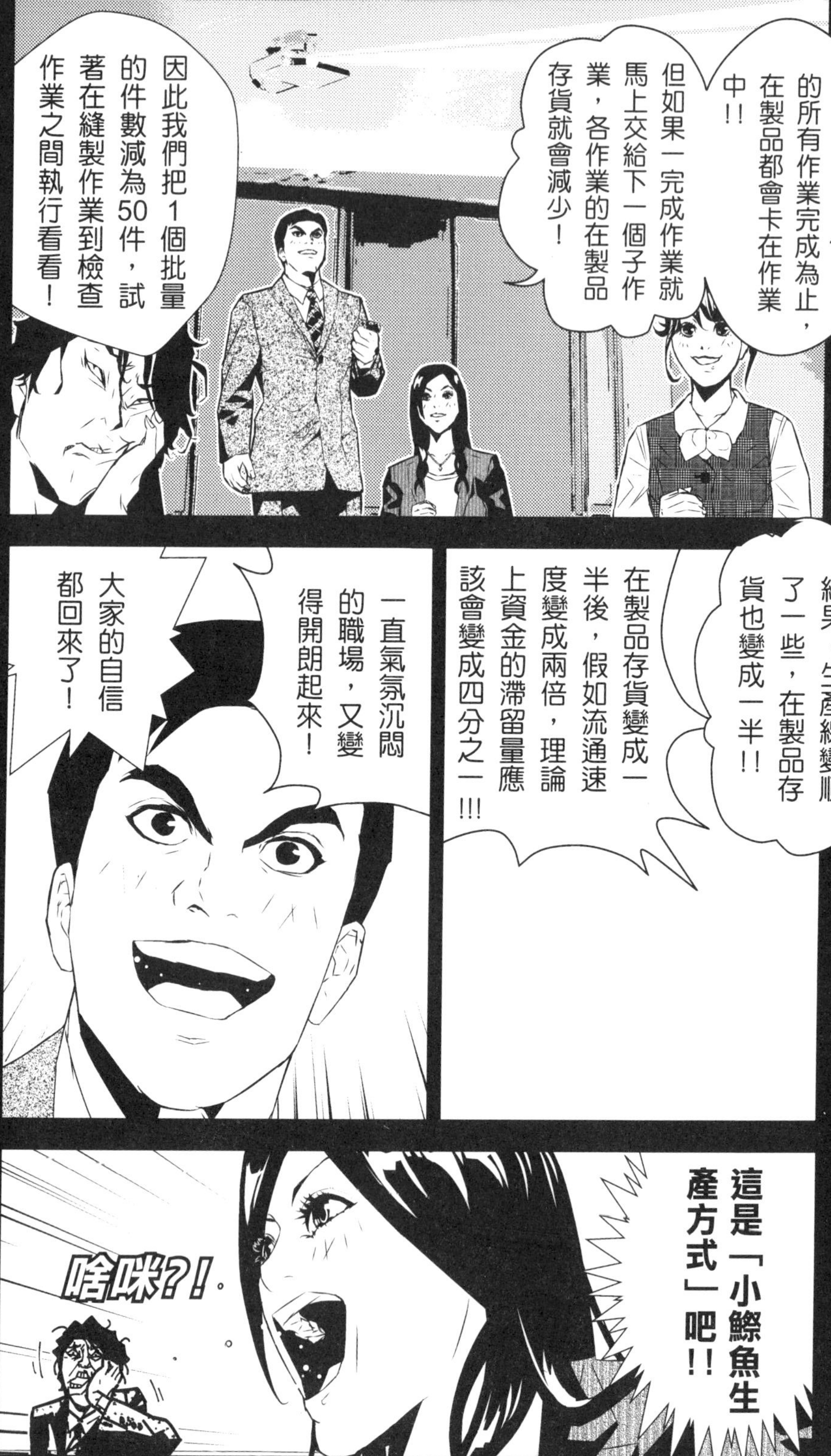
這樣的話，到100件的所有作業完成為止，在製品都會卡在作業中!!
但如果一完成作業就馬上交給下一個子作業，各作業的在製品存貨就會減少！
因此我們把1個批量的件數減為50件，試著在縫製作業到檢查作業之間執行看看！
結果，生產線變順了一些，在製品存貨也變成一半!!
在製品存貨變成一半後，假如流通速度變成兩倍，理論上資金的滯留量應該會變成四分之一!!!
一直氣氛沉悶的職場，又變得開朗起來！
大家的自信都回來了！
這是「小鰶魚生產方式」吧!!
啥咪?!

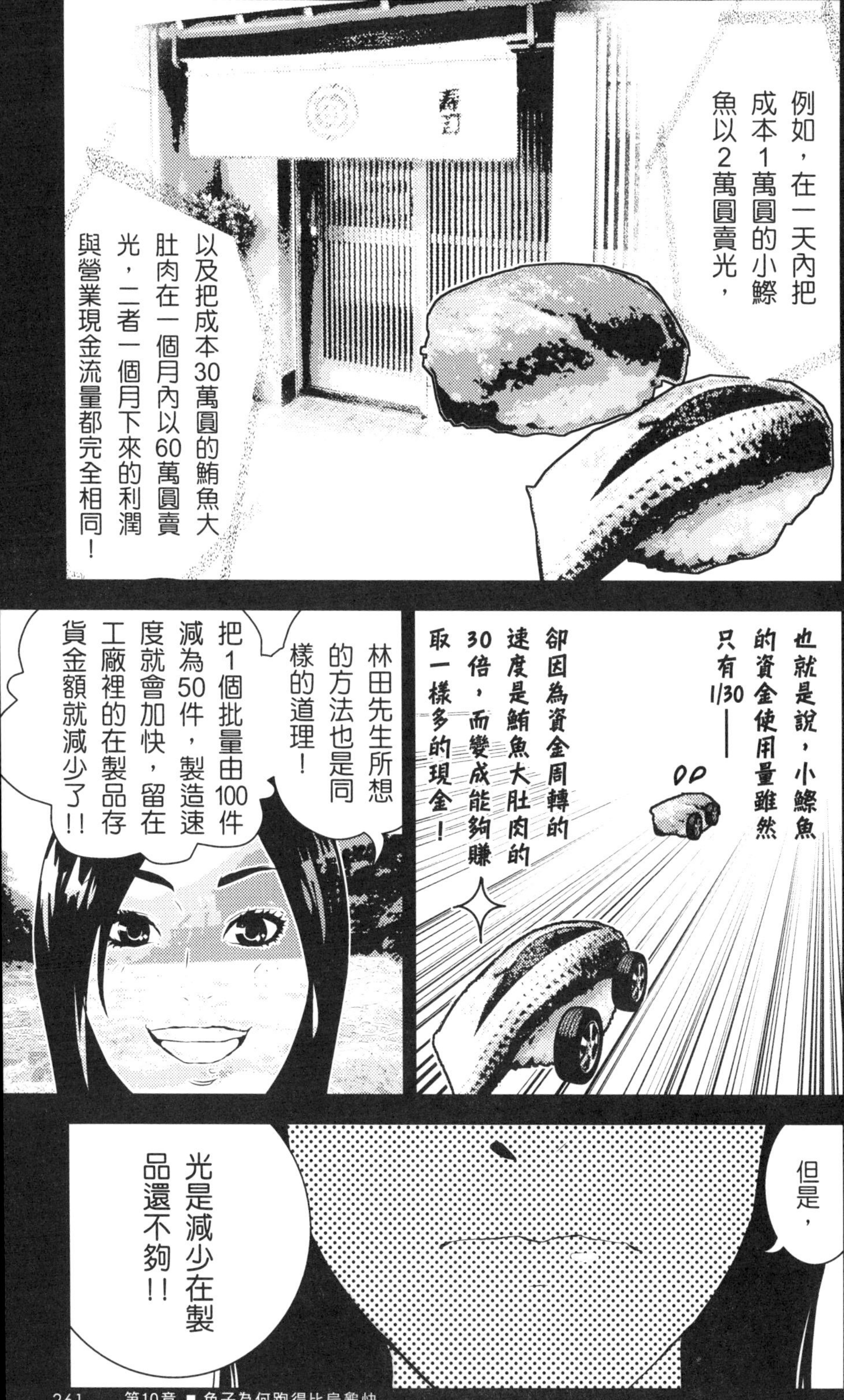
例如，在一天內把成本1萬圓的小鰶魚以2萬圓賣光，
以及把成本30萬圓的鮪魚大肚肉在一個月內以60萬圓賣光，二者一個月下來的利潤與營業現金流量都完全相同！
也就是說，小鰶魚的資金使用量雖然只有1/30——
卻因為資金周轉的速度是鮪魚大肚肉的30倍，而變成能夠賺取一樣多的現金！
林田先生所想的方法也是同樣的道理！
把1個批量由100件減為50件，製造速度就會加快，留在工廠裡的在製品存貨金額就減少了！！
但是，
光是減少在製品還不夠！！

不只要減少縫製作業的在製品，
也要減少材料與裁剪作業的在製品與製成品，資金調度才能變輕鬆！
有想到什麼有效方案嗎？
有！首先，材料存貨變多的原因，在於生產量與進貨量都沒有抓準！
採購材料的負責人因為擔心缺貨，就下多了單！
裁剪作業也是怕布不夠，因此多裁，
以至於布片存貨堆積如山!!
結論是，衣服要趕快做出來！
為此，要加快縫製的作業速度，並配合縫製作業裁剪！
還要配合裁剪作業採購材料!!
這樣，材料與在製品在工廠停留的時間應該都會變短!!!

おそば
我想起了七年前在蕎麥麵店上過的課！
存貨要像風一樣穿過工廠，吹到另一頭去！
這方案是林田先生想的嗎？
嘿
微笑
嘻
不！是兼職人員想的！！

製成品存貨

接著是製成品存貨！
淺倉主任，今後的做法是？
剛才提到數字抓得不精準的問題，在製品之所以多，也是基於同樣原因。
除了數量外，款式、顏色與尺寸也都太多了！
而且，還抱持著一種「商品一定要齊全，否則會任銷售機會溜掉」的想法，但這是錯的！
商品暢銷有它的理由！

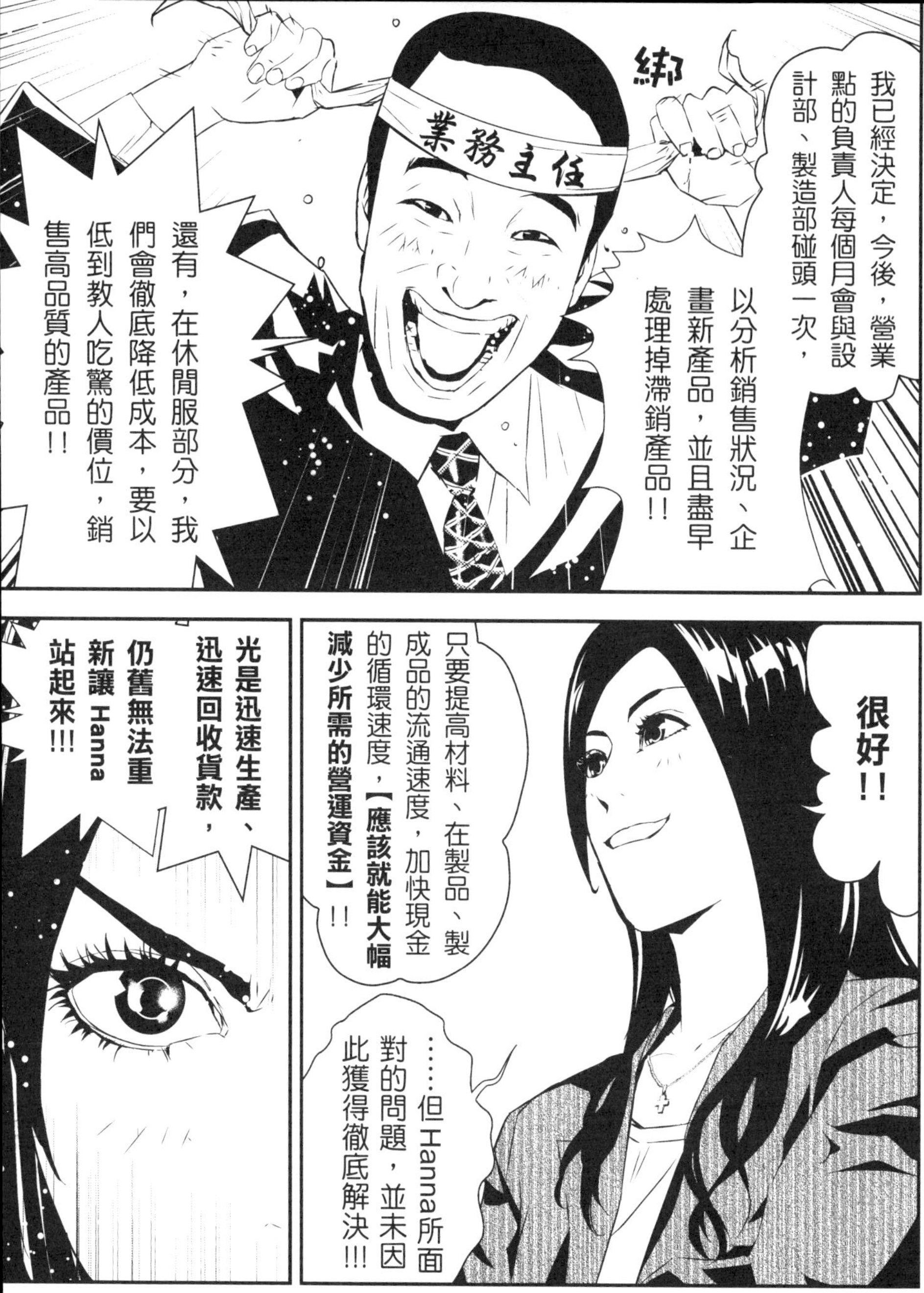
我已經決定，今後，營業點的負責人每個月會與設計部、製造部碰頭一次，
以分析銷售狀況、企畫新產品，並且盡早處理掉滯銷產品!!
綁
業務主任
還有，在休閒服部分，我們會徹底降低成本，要以低到教人吃驚的價位，銷售高品質的產品!!
很好!!
只要提高材料、在製品、製成品的流通速度，加快現金的循環速度，【應該就能大幅減少所需的營運資金】!!
……但Hanna所面對的問題，並未因此獲得徹底解決!!!
光是迅速生產、迅速回收貨款，仍舊無法重新讓Hanna站起來!!!

應該就能大幅減少所需的營運資金

存貨量一旦減半，所需資金就減為四分之一。詳情請參閱本書第 257 頁起的內容。

兔子與烏龜

目前為止，談的是如何把凍結為存貨的資金（現金）解凍出來的問題。
但未來我們還是得永續經營！
喀
是
為此，需要新的現金來源，而會計課長木村小姐幫我們想了一套方法!!
——這是根據公司三個品牌四月分的產銷數字製作而成的表格。
銷貨收入
銷貨成本
銷貨毛利
銷貨毛利率
管銷費用
營業利益
在說明之前，我先整理一下相關論點：
林田主任的想法，簡單講就是「存貨的流通速度愈快（存貨的周轉天數愈短），存貨就會變得愈少」，
以及「只要減少存量，綁在其中的現金（營運資金）就會大幅減少」。

依實際成本編製的損益表

（單位：百萬圓）　　△表負值

	4月產銷數字				
	童裝	女裝		行政費用	總計
		高級	休閒		
銷貨收入	150	300	350	0	800
銷貨成本	145	275	320	0	740
銷貨毛利	5	25	30	0	60
銷貨毛利率	3%	8%	9%	0	8%
管銷費用	8	10	11	38	67
營業利益	△3	15	19	△38	△7

尤其在工廠的生產方式上，不要累積太多才一起生產，而是**要小量小量迅速生產**，才能減少在製品存貨、壓縮所需的資金量。

如果一次生產很多，雖然生產效率較高，利潤也會增加，但對於公司經營其實並不利！

換句話說，重要的是，能夠以少量的資金高速周轉，實現與大量資金相同的效果！！

但就算存貨能夠高速周轉，假如沒有利潤，新的營業現金流量（現金）也不會增加！！

想以較少的資金增加營業現金流量，就必須「加快存貨周轉速度、提高毛利率」!!
這才是Hanna存活的關鍵!!!
咕嘟
呼
咕嘟
呼
……
叩
某位人士給了我們這樣的提示……
「相同時間內，為何兔子跑得比烏龜遠?!」
OOOOOO?
HANNA 的平均存貨金額與一個月的累計存貨金額

假如把兔子前進的距離替換為公司增加的現金（現金流量總額），步伐大小替換為每件產品的毛利（＝相對於銷貨成本的毛利）
——步伐快慢替換為存貨周轉率（速度）
毛利就代表每件產品創造出來的現金流量多寡
能創造更多現金的產品，其銷貨成本毛利率（步伐大小）很高，存貨周轉率（步伐快慢）很快，
嘰
何謂現金增加力
現金增加力
＝
步伐大小
毛利
銷貨成本
（銷貨成本毛利率）
×
步伐快慢
銷貨成本
存貨
（存貨周轉率）
也就是從生產到銷售為止的速度很快因此這個數字愈高，產品創造現金流量的能力愈強！
在此我稱之為「現金增加力」！
嘰
我試著計算了四月分三個品牌的「現金增加力」，

依實際成本編製的損益表

（單位：百萬圓）

	4月產銷數			
	童裝	女裝		
		高級	休閒	
銷貨收入	150	300	350	
銷貨成本	145	275	320	0
銷貨毛利	5	25	30	0

要注意的是，童裝的製造作業在四月的稼動率不高，

因此若以實際成本計算，毛利只有500萬圓。

也就是銷貨成本中包含了許多沒有產生價值的費用。

A 依標準成本編製的損益表

（單位：百萬圓）

	4月產銷數字			
	童裝	女裝		總計
		高級	休閒	
銷貨收入	150	300	350	800
銷貨成本	90	195	305	590
銷貨毛利	60	105	46	211
銷貨毛利率	40%	35%	13%	26%
管銷費用				
材料	300	400	0	700
在製品	250	550	0	800
製成品	250	500	650	1400
	800	1,450	650	2,900

因此，為計算出正確的現金增加力，我決定改用標準成本！

這是在正常狀態下生產時耗費的產品成本，請看資料A！

若以標準成本計算銷貨成本毛利率，

童裝是40%，女裝35%，休閒服13%，平均是26%！

B 三品牌的現金增加力

現金增加力

	童裝	女裝	休閒服	總計
銷貨成本毛利率	66.7%	53.8%	15.1%	35.7%
存貨周轉率	0.11	0.13	0.47	0.20
現金增加力	7.5%	7.2%	7.0%	7.3%
週轉月數	8.9	7.4	2.1	4.9

存貨周轉率是以銷貨成本除以存貨金額所得的數值。

先前A表格中的存貨金額是各品牌的材料、在製品、產品的月間平均餘額。

童裝一個月的存貨周轉率是0.11次，女裝是0.13次，休閒服是0.47次。

換個角度看，童裝每8.9個月才清完一次，女裝是7.4個月，休閒服是2個月!!

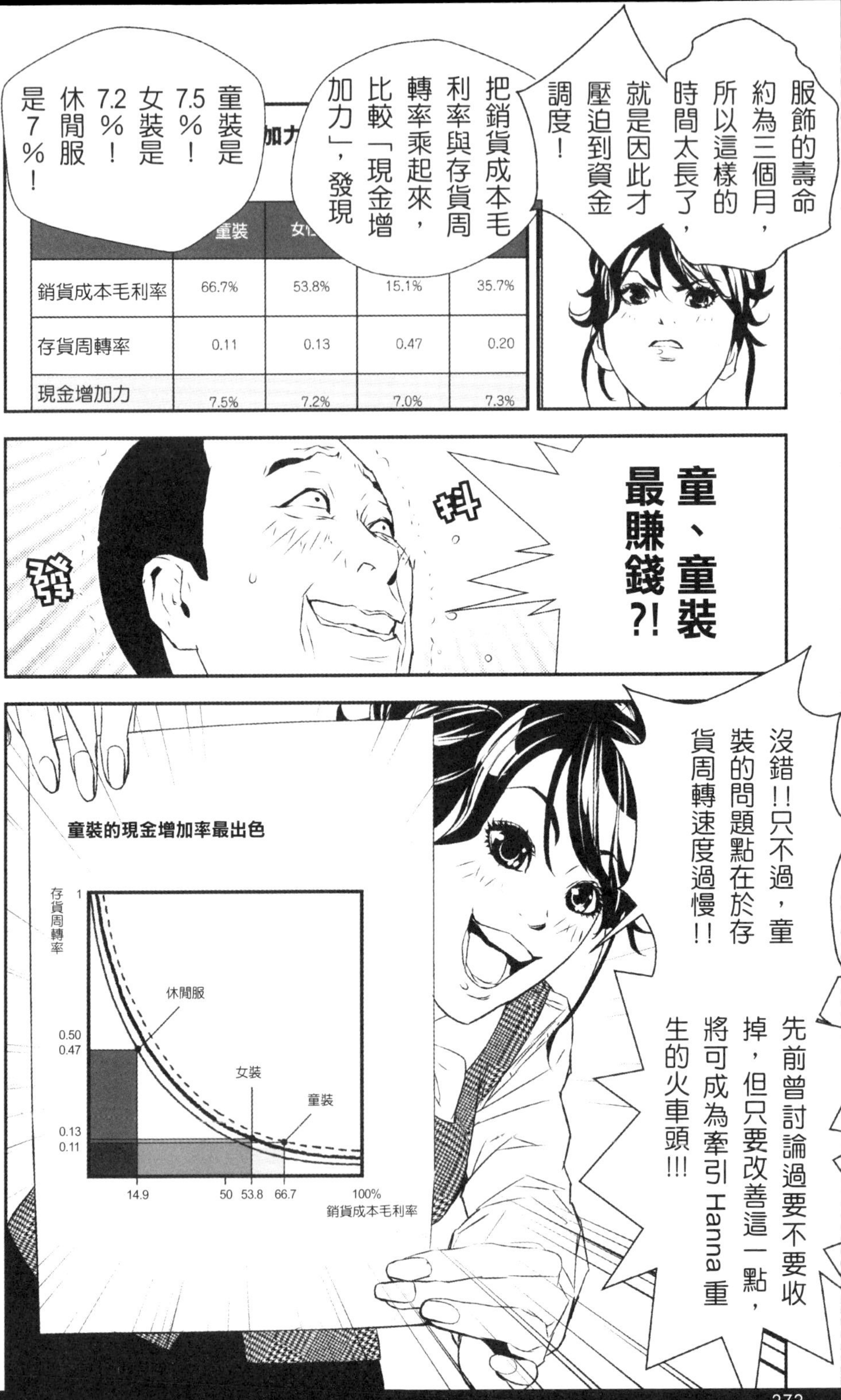
服飾的壽命約為三個月，所以這樣的時間太長了，就是因此才壓迫到資金調度！
把銷貨成本毛利率與存貨周轉率乘起來，比較「現金增加力」，發現
童裝是7.5％！女裝是7.2％！休閒服是7％！
加力
童裝
銷貨成本毛利率 66.7% 53.8% 15.1% 35.7%
存貨周轉率 0.11 0.13 0.47 0.20
現金增加力 7.5% 7.2% 7.0% 7.3%
抖
發
童、童裝最賺錢?!
童裝的現金增加率最出色
存貨周轉率
1
0.50
0.47
0.13
0.11
休閒服
女裝
童裝
14.9
50
53.8
66.7
100%
銷貨成本毛利率
沒錯!!只不過，童裝的問題點在於存貨周轉速度過慢!!
先前曾討論過要不要收掉，但只要改善這一點，將可成為牽引Hanna重生的火車頭!!!

同樣的，休閒服的問題是獲利率!!
女裝的問題也是周轉速度!!!
現金增加力是吧!!
哇哇哇
有了這項指標，就算不懂管理會計，也可以毫不抗拒接受了!!!
太棒的點子了!!!!
哇
大家都成長了呢……!

終章——決定生死的那一天

經過了一個月
我們嘗試了各種方法提高現金增加力！
每天也忙著調度資金，無暇歇息──
HANNA
田端先生以身體狀況不佳為由突然請假，說想要休養一下……
我告訴他，假如身體好一點，歡迎他隨時回來。
決定 Hanna 命運的那天終於到來！
今天，高田分行長下了最後通牒──

Hanna藉由減薪與刪減材料費等措施，成功降低了成本，固定與變動成本都大幅減少！
生產方式也改為小鰶魚（小批量）形態，結果生產速度加倍，所需營運資金也開始減少。
文京銀行
——可是，能夠還出來的債款也只有5億……最後還是未能實現約定……
假如遭抽銀根，公司肯定破產！
會客室
……
叩叩

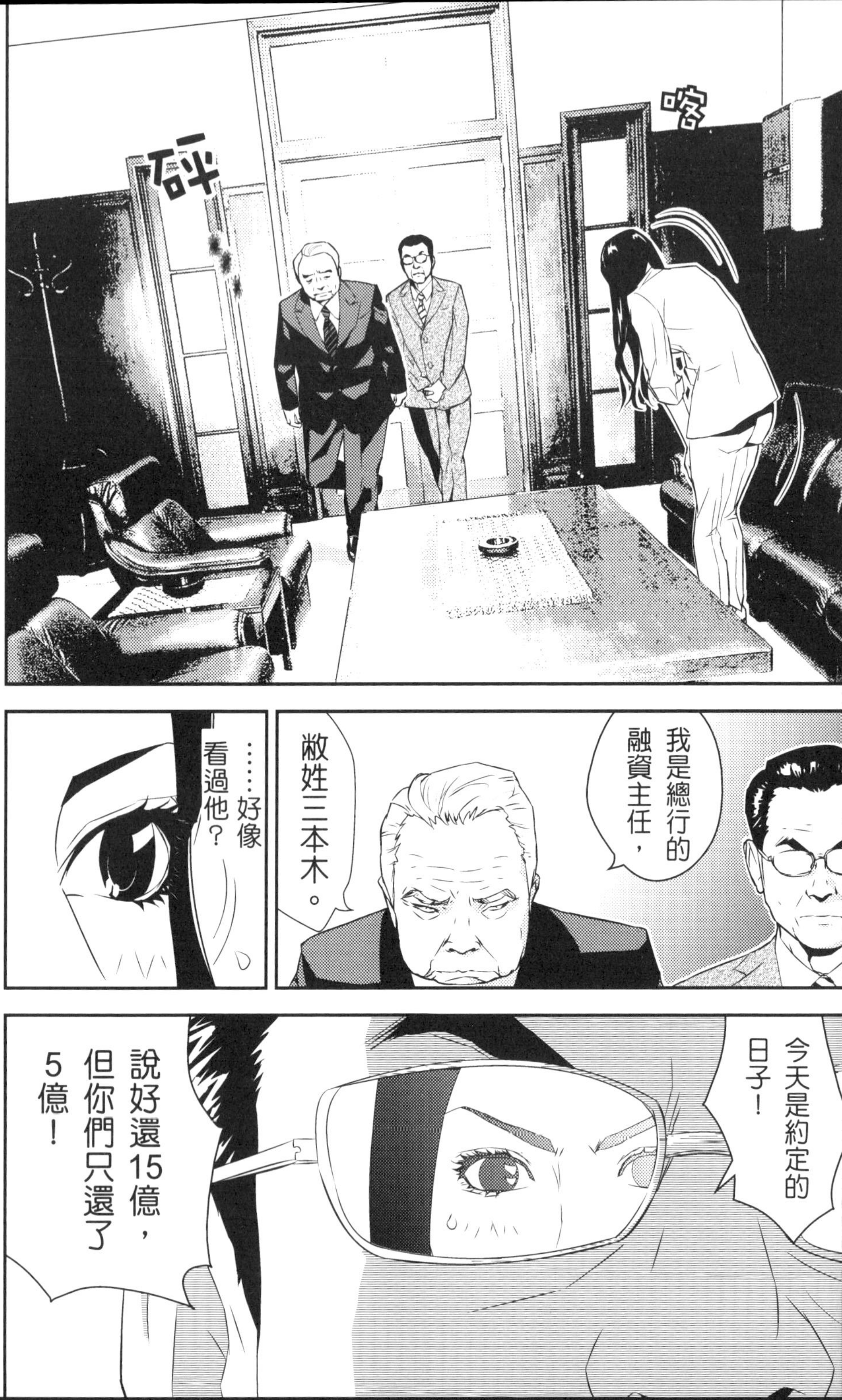
喀
砰
我是總行的融資主任，
敝姓三本木。
……好像看過他？
今天是約定的日子！
說好還15億，但你們只還了5億！

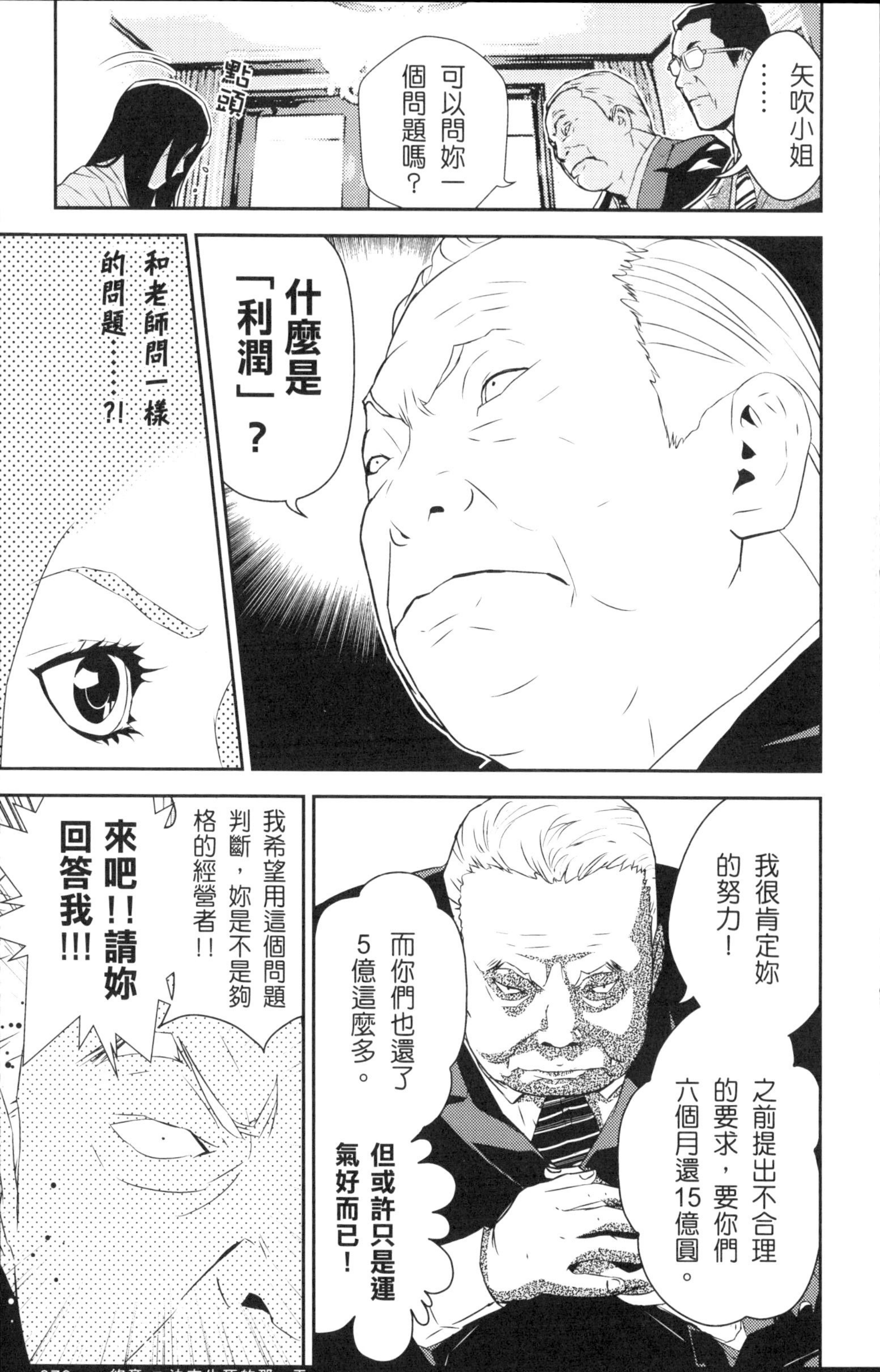

矢吹小姐……
可以問妳一個問題嗎？
點頭
什麼是「利潤」？
和老師問一樣的問題……?!
我很肯定妳的努力！
之前提出不合理的要求，要你們六個月還15億圓。
而你們也還了5億這麼多。
但或許只是運氣好而已！
我希望用這個問題判斷，妳是不是夠格的經營者!!
來吧!!請妳回答我!!!

利潤……
有它的「質」存在……
品質不好的利潤，是沒有現金流量的利潤！
這樣的劣質利潤，我認為不能視為利潤！
再來，回答您的問題……

第一，利潤是用於衡量業績的指標！
第二，它是為未來不可預測的風險所做的準備!!
第三，它是為未來的投資所儲備的存糧!!!
第四，它是用於保障員工生活的基礎!!!!
妳說得對！
但妳有這麼棒的想法，怎麼資金周轉還會這麼辛苦呢？

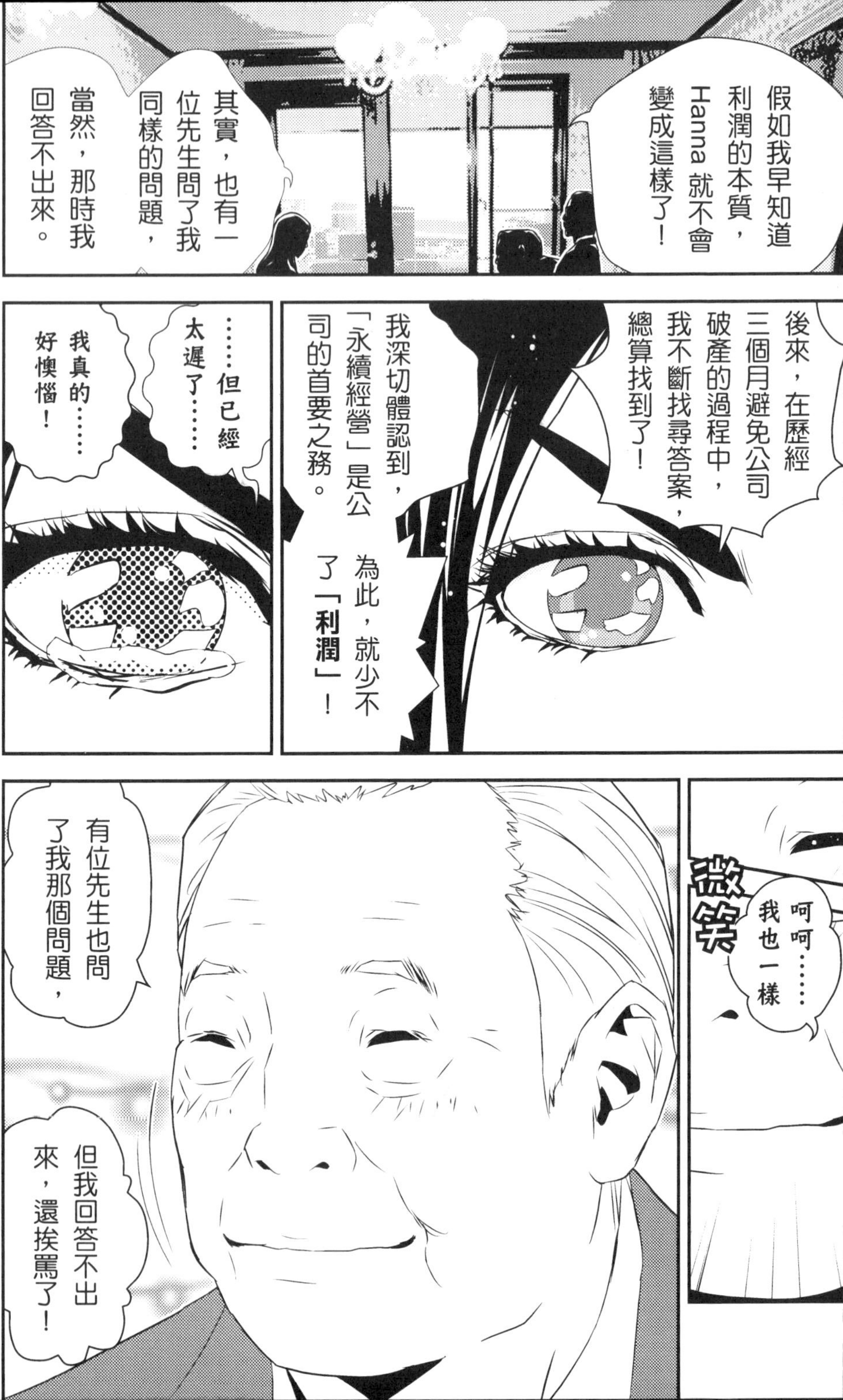
假如我早知道利潤的本質，Hanna就不會變成這樣了！
其實，也有一位先生問了我同樣的問題，
當然，那時我回答不出來。
後來，在歷經三個月避免公司破產的過程中，我不斷找尋答案，總算找到了！
我深切體認到，「永續經營」是公司的首要之務。
為此，就少不了「利潤」！
……但已經太遲了……
我真的……好懊惱！
呵呵……我也一樣
微笑
有位先生也問了我那個問題，
但我回答不出來，還挨罵了！

起身
他說，「這個你都不懂，還當什麼銀行行員！」
矢吹小姐！我對我的工作感到很自豪!!
今後，也請讓我們繼續支援貴公司!!!
握
嗯！我高田也是同樣的想法!!!!
啊！
啊！謝謝你們!!
鞠躬
矢吹小姐，責罵我們總行主任的其實是……
嗯！安曇老師對吧！

那天晚上

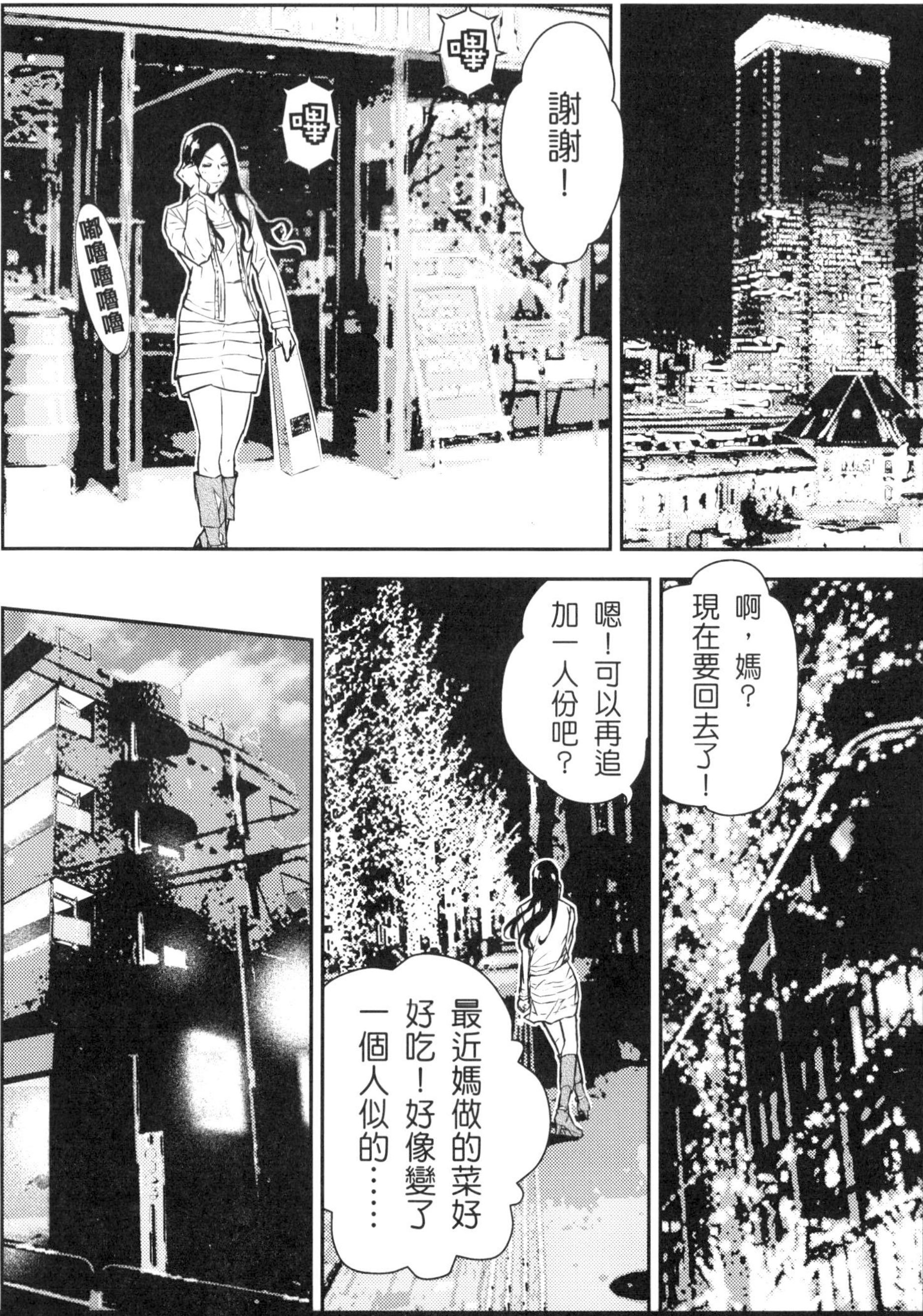
謝謝！
嘩
嘩
嘟嚕嚕嚕嚕
啊，媽？現在要回去了！
嗯！可以再追加一人份吧？
最近媽做的菜好好吃！好像變了一個人似的……

叮咚叮咚
喀
忐忑忐忑忐忑
……噢，是妳呀！
看～
和七年前一樣……！
呵呵
嗯？
──這是我們三人送您的禮物！
！

噢噢♪
香波蜜思妮(Chambolle Musigny)酒莊的一級葡萄酒!!
MUSIGNY
GRAND CRU
對!!
這是我們喝過最棒的一種勃艮地紅酒!
微笑
你們啊……
累積了寶貴的經驗啦!!
滴
擦

這都是拜老師您給的提示所賜！
我媽已經在家做好料理等您了！
勾
老師！我真的很擔心您！
拜託不要再故意跌倒了啦！！
嘟嘴♪